图 1　养蛙鳖的稻田

图 2　养蛙鳖的连片稻田

图 3　回形沟式田间沟

图 4　沟溜式田间沟

图 5　水稻分蘖期的管理

图 6　水稻成长期的管理

图 7　水稻封行期的管理　　　　　图 8　收割前的烤田

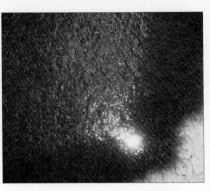

图 9　独立的进排水渠道　　　　　图 10　蛙鳖爱吃的水蚯蚓

图 11　大面积培育虾苗时可同时培　　　图 12　蛙鳖爱吃的蚯蚓
　　　　养枝角类活饵料

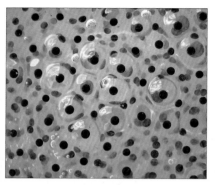

图 13　蛙的受精卵

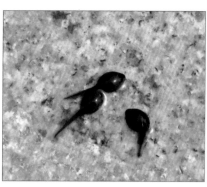

图 14　蝌蚪

图 15　正在变态的蝌蚪，前腿已长成

图 16　蛙在吞饵

图 17　泰国鳖

图 18　珍珠鳖

图 19　鳖的防逃网

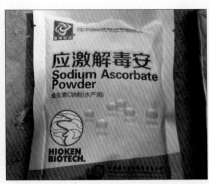

图 20　水质解毒剂

图 21　专用水质改良剂

图 22　脖颈溃疡病早期

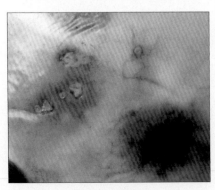

图 23　腐皮病

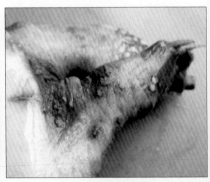

图 24　疖疮病

科技农业
高效农业

稻田养殖蛙鳖

占家智　羊　茜　编著

科学技术文献出版社
SCIENTIFIC AND TECHNICAL DOCUMENTATION PRESS
·北京·

图书在版编目（CIP）数据

稻田养殖蛙鳖 / 占家智，羊茜编著. —北京：科学技术文献出版社，2017.6

ISBN 978-7-5189-2646-6

Ⅰ.①稻… Ⅱ.①占… ②羊… Ⅲ.①稻田—蛙类养殖 ②稻田—鳖—淡水养殖 Ⅳ.①S966.3 ②S966.5

中国版本图书馆 CIP 数据核字（2017）第 093338 号

稻田养殖蛙鳖

策划编辑：孙江莉 责任编辑：赵 斌 李 鑫 责任校对：张吲哚 责任出版：张志平

出 版 者	科学技术文献出版社
地 址	北京市复兴路15号　邮编 100038
编 务 部	（010）58882938，58882087（传真）
发 行 部	（010）58882868，58882874（传真）
邮 购 部	（010）58882873
官 方 网 址	www.stdp.com.cn
发 行 者	科学技术文献出版社发行　全国各地新华书店经销
印 刷 者	北京时尚印佳彩色印刷有限公司
版 次	2017 年 6 月第 1 版　2017 年 6 月第 1 次印刷
开 本	850×1168　1/32
字 数	176千
印 张	7.25　彩插4面
书 号	ISBN 978-7-5189-2646-6
定 价	25.00元

前　言

　　蛙和鳖（为描述简便，后文简称蛙鳖）是我国重要的水产资源，也是我国传统的美食与补品，其以独特的营养、药用和科研价值日益受到人们的青睐。在市场需求的推动下，近年来，我国对蛙鳖的研究、开发和引进都取得了较大的进展，蛙鳖的利用和养殖规模不断扩大，养殖技术也逐步完善，蛙鳖养殖已成为特种水产养殖的热点和新的经济增长点，当然也成为我国农民增收致富的新途径之一。

　　由于蛙鳖的栖息地环境受到人为的严重破坏，加上过度捕捉、农药污染水域等原因，导致野生蛙鳖的产量已经十分稀少，远远不能满足人们生活、药用和出口创汇的需要。有需求就有发展，为了满足人们对蛙鳖的需求，人工养殖蛙鳖已经在全国各地如火如荼地开展起来，特别是具有可持续发展特点的生态养殖蛙鳖方式——稻田养殖蛙鳖，更是引起了人们的高度关注。

　　但是在如火如荼的养殖热潮中，我们也发现蛙鳖养殖过程中出现了一些问题。例如，有的地方养殖得很好、产量很高，但是却卖不上好价钱（主要是在大棚里养殖的蛙鳖，因此我们建议在稻田里养殖生态蛙鳖或有机蛙鳖产品）；有的地方只重养殖不管销售，只重疾病治疗不管病害预防；有的是苗种供应出现问题，导致养殖效益不高，严重影响了蛙鳖养殖业的进一步有序发展。

　　我们在总结、收集、借鉴前人经验的基础上，结合稻田养殖蛙鳖的生产实践和小技巧，编写了《稻田养殖蛙鳖》一书。本

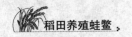

书从稻田养殖方面系统地介绍了蛙鳖的发展历史、养殖技巧、饲养管理、病害防治、饲料投喂等内容，旨在为蛙鳖养殖经营者在稻田生态养殖上取得更好的经济效益及蛙鳖养殖产业的发展提供有益的帮助。

　　本书从实际应用出发，内容丰富翔实，语言简洁通俗，实用性和可操作性都很强，无论是对蛙鳖养殖专业户，还是有关科研部门，都是一本极好的科技读物和辅助资料。

　　由于时间仓促和编者水平有限，书中难免存在瑕疵，希望广大读者批评指正。

编者

2017 年 4 月

目　录

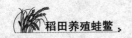

第一章 蛙鳖的概况

第一节 鳖的概况

鳖又称甲鱼或团鱼、水鱼，是一种卵生两栖爬行动物，其头像龟，但背甲没有乌龟般的条纹，边缘也不像乌龟那样硬实，而是呈柔软状的裙边，颜色为墨绿色。

一、鳖的起源

据研究表明，地球约有 46 亿年的历史，大约在 35 亿年前产生了生命，在这漫长的进化阶段，地球上出现了各种各样的生物，现今生存的物种约有 200 万种，它们都是过去绝灭物种的后代，都渊源于共同的祖先。

鳖是从早期的原始龟类演变进化而来的，是古老、特化的一种爬行动物，早在 2 亿年前的晚三叠纪，它们就在地球上生息繁衍，且家族兴旺、种群多样。

鳖在我国历史上源远流长，3000 多年前的西周就设有专职"鳖人"，为帝王从自然水域中捕捉鳖；公元前 460 年，范蠡的《养鱼经》中就有"内鳖则鱼不复生"，意思是说，在池塘里养鱼时，如果有鳖在里面，那么池塘里其他的鱼（主要是鲤鱼）就可能被鳖所吞食；这是第一次准确地描述鳖的动物食性。2000 多年前的孟轲、荀况和汉代末期的《礼记》中分别记述了鲤鱼和鳖的重要性，并强调不准捕捉幼鳖，以保护资源。

公元 756—762 年，唐肃宗立"放生池"81 所，主要放生鲤

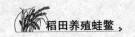

鱼、乌龟、鳖等水生动物，从某种意义上说，我国是最早出现资源保护的国家之一。这足以说明鳖在我国历史的悠久。

二、鳖的种类及分布

鳖在动物分类学上属脊椎动物的爬行纲，龟鳖目，鳖科。鳖科有 6 属，23 种，主要分布在亚洲、非洲和美洲部分地区。我国仅有种属 3 种，即鼋属（Pelochelys）、鳖属（T. sinensis）和山瑞鳖（T. steindachneria）。其中，鼋属只有 1 种，即鼋（P. bibroni）。下面介绍几种常见的鳖。

中华鳖，又叫甲鱼、老鳖、团鱼、水鱼、脚鱼，整个身体呈圆盘形，背甲为橄榄色，散布着不规则的条纹或黑色的小斑点，头部呈三角形，顶部具有黑色小斑点。体重一般为 1～2 千克。分布在中国、越南、日本等地，我国除新疆、青海和西藏外，其他各地都有分布，尤以长江流域和华南为多，生活在淡水池塘、江河、湖泊中，最适生长温度为 26～32 ℃，最适繁殖温度为 26～28 ℃，每年 4—10 月繁殖，通常产卵 5～8 枚，体大者可产卵 20 枚以上，卵呈圆球形，直径为 15～20 毫米，孵化期为 50 天左右。鳖是一种杂食性动物，喜食螺、贝、鱼、虾、蠕虫及水生植物，生长快，适应性强，肉质鲜美，是我国主要的鳖科养殖动物。

山瑞鳖又叫水鱼、山瑞、团鱼，是亚热带种类，体型较大，身体呈圆盘形，背甲为深橄榄色，散布着不规则的黑色斑点，头部呈三角形、色淡，具有黑色杂斑点。背甲的前缘及后部具有疣粒，腹部呈白色，体重一般 2～3 千克。分布在中国、越南等地，在我国主要分布在云南、贵州、广西、广东和海南等地，其中，以广西最为多见。山瑞鳖喜静、怕光，生活于淡水池塘、江河、湖泊中，由于山瑞鳖的繁殖率很低，所以野生群体比较少，现在属于国家二类保护动物。自从 20 世纪 90 年代开始，人工驯养、繁殖山瑞鳖成功后，开始在华南以东地区或温室里进行人工养殖。山瑞鳖性情凶猛，肉食性，喜食鱼、虾、猪肉及其他水生动物，最适生长温度为 28 ~ 35 ℃，最适繁殖温度为 27 ~ 29 ℃，每年 5 月下旬—10 月上旬为繁殖期，每次产卵 5 ~ 28 枚，卵直径 22 毫米左右，卵重 13 克。

斑鳖是我国极稀有的野生动物之一，它的珍贵程度可以和熊猫相提并论。野生斑鳖目前几乎绝迹，更谈不上人工养殖了，只有少数公园里饲养了几只。

在我国养殖的还有一些从国外引进的品种。其中，驯养、繁殖效果比较好的有来自泰国的泰国鳖，来自日本的日本鳖，来自美国的美国鳖（又称美洲鳖、平滑鳖）、佛罗里达鳖（又称珍珠鳖），来自加拿大的角鳖（又称刺鳖）。

三、我国中华鳖的地理品系

中华鳖是我国目前养殖的主要品种，但由于我国幅员辽阔，南北之间的地理位置、气候、环境差异都很大，导致了同类中华鳖在不同的地域中生长速度、品质、价格等方面的差异性，我们称之为地理品系。目前，我国中华鳖的地理品系主要有以下几种，它们在市场上因地域品系的不同而价格各异，有的甚至相差很大。

1. 黄河品系

主要指生长在黄河流域的中华鳖，所以通常称为黄河鳖，主要分布在黄河流域的甘肃、宁夏、河南、山东境内，尤其是以河南、宁夏和山东黄河口的鳖为甚，品质为佳。由于特殊的自然环境和气候条件，使黄河鳖具有裙边宽厚、体积硕大、体色微微发黄，看起来黄灿灿的，很受市场欢迎，生长速度与太湖鳖差不多。

由于黄河土质都是以黄色土质为主，导致生活在黄河中的鳖

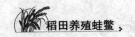

体表微黄。现在人们有一种观念，认为这种微黄是野生鳖的标志，所以市场价格要高一些，深受市场的欢迎。有意思的是，当将在黄河流域生长的体表微黄的鳖，移养到其他水体中，很快，它的体色就会慢慢地褪去，变成本地生长的鳖颜色。

2. 太湖品系

主要指生长在太湖流域的中华鳖，主要集中在江苏、浙江、上海和安徽的江南一带，除了具有中华鳖的基本特征外，背上还有 10 个以上的花点，腹部有一个块状花斑，形似戏曲脸谱，所以又称江南花鳖。它的特点是抗病力强，肉质鲜美，在江苏、浙江、上海一带深受人们的喜爱，是一种值得推广的优质地理品系。

3. 洞庭湖品系

主要指生长在洞庭湖流域的中华鳖，分布在湖南、湖北和四川的部分地区，通常又称为湖南鳖，是一种具有很好养殖前景的地理品系。在鳖苗阶段，它的腹部体色呈橘黄色，与太湖品系的鳖（江南花鳖）相比，无论是鳖苗还是成鳖，体色均呈橘黄色，体背和腹部都没有花斑，也是我国较有养殖价值的地域中华鳖品系，生长和抗病能力与太湖鳖差不多。

4. 北方品系

主要指分布在河北以北地区的中华鳖，又称为北鳖。体形和普通的中华鳖是一样的，比较耐寒，能在 $-5 \sim 10\ ℃$ 的气温中水下越冬，成活率较其他地区的高 35%，是适合在北方和西北地区生长的品系。

5. 鄱阳湖品系

主要指分布在鄱阳湖流域的中华鳖，分布在江西、湖北东部和福建北部地区，又称为江西鳖。成体的形态和江南花鳖相似，但是出壳的稚鳖腹部呈橘红色但没有花斑，生长速度和太湖鳖差不多，也比较快。

6. 西南品系

主要指分布在西南地区尤其是广西的中华鳖的一个地方品系。由于它的体色较黄，体长、偏圆，腹部无花斑，加之其适宜生长的地区位于西南部黄沙较多地区，所以又称为黄沙鳖或广西黄沙鳖。这种品系的大鳖体背可见背甲肋板，在有些地区会影响销售。在工厂化环境中养殖的鳖体表呈褐色，有几个同心纹状的花斑，腹部有与太湖鳖一样的花斑。这种品系的食性杂、食量大，生长速度非常快，在工厂化养殖环境中比一般中华鳖品系生长快。

7. 台湾品系

主要生长在我国台湾南部和中部，又称为台湾鳖。体表和形态与太湖鳖差不多，但养成后体高比例大于太湖品系。台湾品系是我国目前工厂化养殖较多的中华鳖地理品系，这是因为它成熟快，一般在450克左右就能性成熟，所以适合工厂化小规模养殖，但不适合野外池塘或稻田的多年养殖。

其他还有乌鳖、砂鳖、墨底鳖、小鳖等，因群体数量较少，不再细述。

四、引进的外国鳖品种

1. 日本鳖

这是来自日本的一个品系，主要分布在日本关东以南的佐贺、大分和福冈等地。据报道，其和中华鳖是一个品种，在日本又称为日本中华鳖。我国从1995年引进养殖，农业部仍定名为中华鳖（日本品系）。

日本鳖的生长速度很快，据监测到的数据表明，在同等条件下，它的生长速度要比其他品系的鳖快。更具有比较效益的就是它的性成熟比较晚，例如，国产的中华鳖在750克左右就可以产蛋、泰国鳖在400克左右产蛋，而日本鳖则要到1000克以上才

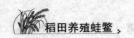

产蛋。另外，日本鳖的繁殖能力很强。

日本鳖的抗病能力很强，在养殖过程中很少发生病害，就连最常见也是最能影响销售的体表腐皮病，也很少发生。

日本鳖的品质较佳。一般鳖的品质好坏，可以从其裙边和肥满度来进行鉴别。裙边宽厚坚挺、肥满度适中的就是优质鳖，日本鳖就是一种优质鳖。

2. 泰国鳖

泰国鳖的体形长圆，肥厚而隆起，背部暗灰色，裙边较小，行动迟缓，不咬人。其外部体色与中华鳖极其相似，只是腹部花色呈点状，不是块状。

泰国鳖在我国养殖有一个致命的弱点，就是只适合在温室中养殖。这是因为泰国鳖是从泰国引进的，而泰国地处东南亚温热带地区，天气较热，年平均气温在 25 ℃以上，长期的高温导致了泰国鳖成熟较早，生长个体相对较小。特别是当泰国鳖达到400 克时就会性成熟，这时生长速度就会明显减慢，所以它只适合在温室中快速养成 350 克左右的小规格商品上市，而这种小规格商品鳖正是华东地区一些城市居民最喜爱食用的。所以，无论是从它自身的生长习性还是市场需求，无论是从泰国本土的养殖情况还是在我国的养殖情况来看，泰国鳖在温室中养成小规格的商品还是比较合适的，并不适宜在野外进行大规格养殖或进行自然多年的常规养殖。

3. 珍珠鳖

珍珠鳖的学名是佛罗里达鳖，原产于美国佛罗里达州，在20 世纪 90 年代初期引入我国。开始时在我国养殖还是比较少的，所以产量很低，但是比起几乎是同期引进的角鳖和平滑鳖来说，当时的珍珠鳖引进的数量是最大的。这种鳖的最大特点是适应性强、生长快、个体大，很受市场欢迎。虽然价格一般，但由于它的上市规格比较大，可达 10 千克以上，因此一只珍珠鳖的实际售价还是相当高的。它的主要市场是宾馆、饭店，家庭很少买。经过十来年的市场适应及国内繁殖问题的解决，这种鳖已经在我国形成了一定的生产规模。由于市场的原因，主要是没有进入寻常百姓家庭的餐桌，所以珍珠鳖的养殖还需慎重。

随着鳖加工业的进一步发展，需要鳖原料时，这种珍珠鳖可以说是最好的品种之一。从这个意义上来说，只要加工跟得上，珍珠鳖的养殖是大有前途的。

4. 角鳖

又称刺鳖，主要生长在美国和加拿大，21 世纪初引入我国，和珍珠鳖一样，也是大型品种，体长可达 45 厘米左右，商品鳖一般也都在 10 千克以上。这种鳖的吻长，形成吻突，背甲为椭圆形，背部前缘有刺状小疣。它的主要市场也是宾馆、饭店，以及一些水族爱好者买回去做观赏用，因此投资也要慎重。

5. 杂交鳖

现在有的地方出现了一些杂交鳖。它是一些养殖人员或部分科研人员用不同品系的鳖进行人工杂交，从而产生的一种新的鳖品系。这种做法是好的，可以培育成有利基因更加集中的新品种，能体现出杂交一代的优势。缺点是还没有一定的论证，容易造成杂交污染，从而可能会对我国的正宗中华鳖造成影响。

五、鳖的外部形态特征

鳖是爬行动物的一种特化，它的外部形态与其他的爬行动物有着显著的区别，即它们具有略软的外壳，俗称"鳖壳"。鳖的头、颈、四肢均可缩入甲壳内，鳖的躯体扁平，背部略高，其外部形态分头、颈、躯干、四肢、尾 5 个部分（图 1-1）。

鳖的头很小，呈三角形，头顶部很光滑，后部有细鳞覆盖。吻尖突出，吻前端有一对鼻孔，便于伸出水面呼吸。眼小，位于头的两侧。鳖的头后部就是颈部，颈部一般很长且非常有力，能

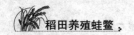

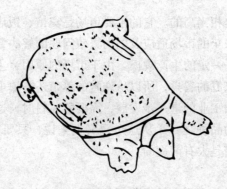

图1-1　鳖

伸缩，转动很灵活；大家在动物园、放生池或水族馆里都能看到鳖伸着长长的脖子，这就是鳖的颈，它可以做"S"形的扭动弯曲，并能自由缩入甲壳内。鳖口较宽，位于头的腹面，上下颚有角质硬鞘，可以咬碎坚硬的食物。口内有短舌，肌肉质，但不能自如伸展，仅能起到帮助吞咽食物的作用。

鳖的躯干就是它的壳和少数的皮肤，略呈圆形或椭圆形，体表披以柔软的革质皮肤。有背、腹二甲，背甲是厚实的皮肤而不是像龟一样呈角质状的盾片，稍凸起周边有柔软的角质裙边；腹甲呈平板状，二甲的侧面由韧带组织相连。背面通常为暗绿色或黄褐色，上有纵行排列不甚明显的疣粒；腹面为灰白色或黄白色。

鳖的四肢扁平粗短，位于身体两侧，能缩入壳内，可分为前肢和后肢，前肢五指，后肢五趾。指间和趾间生有发达的蹼膜，同时仅有中间的三指（趾）带有角爪，因此它既可以在陆地上爬行，又可以在水中游泳。在抓到食物时，其有力的前肢和利爪还能将大块食物撕碎，便于咬碎吞咽，适应两栖动物的生活习性。

鳖的尾部细而短，呈圆锥形。

六、鳖的内部系统

鳖经过若干世纪的演化，为了适应周围的生存环境，形成了一套比较完善和特有的内部系统。这套系统包括骨骼系统、肌肉系统、消化系统、呼吸系统、循环系统、神经系统、排泄系统、感觉器官和生殖系统等，本书只作简单介绍。

1. 骨骼系统

骨骼系统是构成鳖身体的基本轮廓，同时也能支持它们的体重。它分为中轴骨骼和附肢骨骼，中轴骨骼包括脊柱、胸骨、肋骨和头骨，附肢骨骼包括肩带和腰带。

2. 肌肉系统

肌肉系统是鳖实现运动功能的动力部分，与背甲和腹甲连接，能够自由伸缩。

3. 消化系统

消化系统是鳖摄取食物、吞咽食物、消化食物的部位，包括消化道和消化腺两部分。

4. 呼吸系统

鳖的呼吸系统比较发达，包括呼吸道和肺两部分，由于它们是爬行动物，主要是用肺呼吸。

5. 循环系统

鳖的循环系统是不完全的双循环系统，包括心脏供血、动脉系统保持血液的输送、静脉系统保证血液的回流，还有淋巴管腔在循环系统中也起着很重要的作用。

6. 神经系统

鳖的神经系统在它们的生命活动中起着协调作用，可以分为中枢神经系统和外周神经系统。

7. 排泄系统

鳖的排泄系统包括肾脏、输尿管和膀胱等器官。

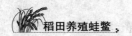

8. 感觉器官

鳖的感觉器官包括发达的嗅觉器官、迟钝的听觉器官和视野广阔的视觉器官。

鳖的嗅觉：在所有的感觉器官中，鳖的嗅觉是非常重要的，它们摄食基本是靠嗅觉来发现食物的。鳖的头部有2个鼻孔，但只有1个鼻腔，鼻孔内骨块上均覆有上皮黏膜，有嗅觉功能，是它们主要的嗅觉器官，因此鳖在寻找食物或爬行时，总是将头颈伸得很长，以探索气味，再决定前进的方向。

鳖的视觉：鳖的眼睛构造很典型，它的角膜凸圆，晶状体更圆，且睫状肌发达，通过调节晶状体的弧度来调整视距。鳖的视野虽然很广，但是清晰度却比较差。

9. 生殖系统

鳖的生殖系统可分为雌性生殖系统和雄性生殖系统，通过生殖系统完成鳖的正常生殖功能和种族繁衍功能。

七、我国鳖养殖业的发展历史

我国对鳖的养殖历史很悠久，养殖的种类以中华鳖为主，其次是山瑞鳖，近年来泰国鳖、日本鳖和美国鳖（主要是珍珠鳖）先后被引入。自20世纪70年代开始，我国进行了一系列的鳖养殖试验，取得了一些成绩，但那时的购买力有限，因此市场需求量不大；从80年代开始，随着改革开放的深入，人们口袋里的钱多了起来，对鳖的需求量急剧上升；90年代，市场对鳖的需求量更大，处于供不应求的状况，人工池塘养殖得到迅速发展，工厂化养殖也得到快速发展，一些养殖技术在全国得到推广；1996年，鳖的价格达到高峰，直逼600元/千克，随后价格一落千丈，回归到理性的价位。

八、我国鳖养殖业的现状

我国鳖养殖的现状表现在以下几方面。

一是鳖的市场供应量足，导致价格迅速回落，进而引起鳖养殖业的衰退，尤其是温室养殖的鳖，因为其口感较差，市场价格一直走低。

二是在市场大流通的环境下，国际各种鳖养殖的交流力度日益加剧，一些如泰国鳖等热带生长快的鳖流入内地，对本土的中华鳖市场造成毁灭性的打击，影响到本土鳖的发展。

三是各地鳖的养殖过程中出现了一些问题，例如，有的地方养殖得很好、产量很高，但是却卖不上好价钱；有的地方只重养殖不管销售，只重疾病治疗不管病害预防；有的地方不注重品牌的培育，尤其是生态养殖出来的优质鳖没有得到应有的市场价格体现，导致辛辛苦苦养出来的生态鳖增产不增收；有的地方对技术措施不改进、不更新，导致相同的产量，成本却比别人高出很多，直接影响了经济效益，严重影响了鳖养殖业的进一步有序发展。

四是近年来鳖的价格在逐渐回升，尤其是野生鳖或仿野生鳖的市场前景被看好。

九、鳖的价值

鳖是一种珍贵的动物资源，可以说它们浑身都是宝，在各个方面、各个行业都被广泛应用。

1. 营养价值

鳖的营养价值受到世人公认。鳖是水产品中的珍品，是深受人们欢迎和喜爱的食品。它不但味道鲜美、高蛋白、低脂肪，而且含有多种维生素和微量元素。鳖的脂肪以不饱和脂肪酸（占75.43%）为主，其中，高度不饱和脂肪酸占32.4%，是牛肉的

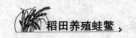

6.54倍、罗非鱼的2.54倍。铁等微量元素是其他食品的几倍甚至几十倍。人类食用鳖肉已有悠久的历史，鳖是现如今红白喜事宴席上不可缺少的一道佳肴，尤其是它的裙边，丰腴滑嫩，人人都爱吃。

2. 保健及药用价值

鳖富含维生素A、维生素E、胶原蛋白，以及多种氨基酸、不饱和脂肪酸和微量元素，能提高人体免疫功能，促进新陈代谢，增强人体抗病能力，有养颜美容和延缓衰老的作用，自古以来就被人们视为滋补的营养保健品。在我国早期记载中就有"鳖可补痨伤，壮阳气，大补阴之不足"；《名医别录》中称鳖肉有补中益气之功效；据《本草纲目》记载，鳖肉有滋阴补肾、清热消淤、健脾健胃等多种功效，可治虚劳盗汗、阴虚阳亢、腰酸腿疼、久病泄泻、小儿惊痫、妇女闭经和难产等症；《日用本草》认为，鳖血外敷能治面神经，可除中风口渴、虚劳潮热，并可治疗骨结核。

鳖也具有极好的药用价值，鳖浑身都是宝，头、甲、骨、肉、卵、胆、脂肪均可入药。鳖肉及其提取物能有效地预防和抑制肝癌、胃癌、急性淋巴性白血病，并用于防治因放疗、化疗引起的虚弱、贫血、白细胞减少等症；鳖有较好的净血作用，常食者可降低血胆固醇，因而对高血压、冠心病患者有益。同时，对肺结核、贫血、体质虚弱等多种病患亦有一定的辅助疗效。

3. 出口创汇价值

鳖是我国传统的出口创汇产品，鳖肉、鳖蛋等是主要的出口产品。

十、稻田养鳖的意义

我国的鳖养殖也和其他的行业一样，正面临着激烈的市场竞争，除了养殖技术的因素外，养殖理念、养殖方法、生产目的的设计、饲料的供应及市场的占领等方面都将会面临竞争。

稻田生态养殖鳖是目前和今后鳖养殖的一个方向，也是养殖户持续稳定盈利的一种养殖方法，因此我们要大力开展鳖的标准化生态养殖技术推广，掌握市场主动权。鳖标准化生态养殖的意义体现在以下几个方面。

1. 增强市场的竞争力

对养殖稻田通过开挖田间沟，以及水、电、路配套改造，既可增强在稻田里养殖鳖的防灾、减灾能力，也能有效地改善鳖生产条件和生态环境，可以防止养殖过程中多种病害的发生，减少养殖用药投入，提高水产品的质量，提升水产品质量安全水平，增强水产品市场竞争力。

2. 拓展了鳖养殖生产的产业链

鳖的稻田生态养殖就是将多种物种进行合理的组合配置，增加了养殖产品的多样性，拓宽了养殖生产的链条。在同一块稻田里，既可以生产粮食，又可以养殖优质水产品。

3. 增加了养殖者的经济收入

通过推广鳖的稻田生态养殖技术，有利于转移农村剩余劳动力，使劳动力资源得到充分发挥。通过将养殖业与种植业及生产加工业紧密联系起来，将有利于农村商品经济的发展，有利于农民收入的增加。根据有关资料表明，利用稻田养殖鳖可以达到"双千"的目标，即亩产水稻 500 千克（1000 斤），亩增收 1000 元。

4. 实现效益最大化

鳖的稻田生态养殖就是把鳖的养殖生产与粮食、多种经济农作物及第二、第三产业有机地结合起来，在传统的养殖基础上充分利用自然资源与现代先进的科学养鳖技术，通过合理的规划，达到生态良性循环与经济良性循环的目的，同时也实现了经济效益、生态效益和社会效益的完美统一。

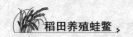

5. 体现了鳖养殖的生态价值

鳖的稻田生态养殖具有多样性、层次性、高效性、持续性和综合性的特点。尤其是综合性的特点，更是充分利用了不同物种之间的互补性，利用这些动植物之间的相互合作关系，充分发挥"整体、协调、循环、再生"的优势，确保养鳖户能在有限的养殖生产空间内取得最大的经济效益和生态效益。例如，在稻田中养殖鳖时，如果要防虫治病，一方面要考虑虫害和病害是否需要用药，是否能通过这种生态关系将虫害和病害，尤其是虫害控制在合理的范围之内；另一方面就要考虑所选用的药物会不会对鳖的生长造成不利影响，如对鳖的毒害作用等，因此在防治时就要注意用药的品种、药剂的用量及用药后的鳖管理等。另外，综合性还体现在养殖生产的安排上，鳖种苗的放养要准确、及时且有序，要能充分利用时间、空间，依据各个物种间的生长时间及周期，全面安排好各个生产环节。

第二节　鳖的生态习性

要想取得很好的人工养殖经济效益，必须对鳖的生活习性、生殖习性和食性进行全面的了解，并掌握影响鳖生长发育的关键因素。

一、鳖的栖息环境

鳖具有水陆两栖性的特点，它们不但可以生活在水中，也可以短时间在陆上生活。鳖是用肺呼吸的，所以时而潜入水中或伏于水底泥沙中，时而浮到水面，伸出吻尖进行呼吸。夜晚又喜欢到陆地上寻找食物，而且性成熟的鳖又会将卵产在松软的陆地上，不需要经过完全水生的阶段，因此它是水陆两栖的。

在自然界中，鳖喜欢栖息在水质良好、溶氧量丰富、底质为泥沙的湖泊、江河、池塘、水库、山涧溪流、沼泽地等淡水水域的僻静处。鳖是变温动物，对外界温度变化很敏感，其生活规律和外界温度变化密切相关，活动规律和栖息环境随季节、气温的变化而变化。夏季，鳖喜欢在泥滩上、岸边树荫下、岩石边水草茂盛的浅水处活动、觅食，天气炎热时多栖息活动在阴凉、水深处；深秋、冬季潜伏在向阳的水底泥沙或洞穴内。故渔谚对鳖有"春天发水走上滩，夏日炎炎潜柳湾，秋天凉爽入石洞，冬季寒冷钻深潭"的说法。

鳖的生活习性还具有"四喜四怕"。一是喜阳怕风，在晴暖无风天气，尤其在中午太阳光线强时，它常爬到岸边沙滩或露出水面的岩石上"晒背"；二是喜静怕惊，稍有惊动便迅速潜入水中，多在傍晚出穴活动、寻找食物，黎明前再返回穴中，刮风下雨天很少外出活动；三是喜洁怕脏，鳖喜欢栖息在清洁的活水中，水质不洁容易引起各种疾病发生；四是喜温怕异，喜欢相对适宜的恒温条件，避免异常的温度条件。

在大面积人工养殖鳖时，最适宜的环境就是半水半岸的地带，而稻田正好满足了这个特性。稻田的田面水位较浅，田间沟的水位较深，这种条件能保证鳖有个舒适的栖息环境，有利于其健康的成长。

二、鳖对盐度的敏感性

鳖对环境中的盐度十分敏感，只能在淡水中生活，这可能与它长期生活在含盐极低的溪河和淡水湖泊中有关。试验表明，鳖在盐度为 1.5% 的水体中，24 小时内就会死亡；在盐度为 0.5% 的咸淡水中仅能活 4 个月。因此，盐度较高且没有淡化能力的盐碱地、沿海边的稻田是不适宜养殖鳖的。

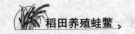

三、鳖对温度变化的适应能力

鳖是变温动物，其新陈代谢所产生的热量有限，而且又缺乏将产生的热保留在体内的控制机制，因此它的生长与温度密切关系。其对环境温度的变化反应非常灵敏，生存、活动完全受环境温度的制约，温度是影响鳖生长的主要因素之一。由于它本身没有调节体温的功能，一般体温与环境温度的差异为 0.5~1 ℃，对环境温度的变化极为敏感。鳖的最适生长温度为 26~32 ℃，此时摄食力最强、生长最快，最适繁殖温度为 26~28 ℃。温度高于 35 ℃ 或低于 20 ℃，其生长受抑制。为了克服这一缺陷，在自然状态下，鳖是靠寻找凉或热的地方来控制体温的波动。在人工饲养时，应避免鳖的环境温度过高、过低或大幅波动，因为环境温度的变化直接决定了鳖的摄食、活动、产卵等行为。

长江中下游地区，鳖一般从 11 月中下旬温度低于 15 ℃ 时基本停食。当温度达到 10 ℃ 时，就会停止活动，此时，鳖常常静卧水底淤泥或有覆盖物的松土中冬眠。在自然界中，鳖的冬眠期可达半年左右，至翌年 4 月上旬水温回升到 15 ℃ 以上时开始复苏。鳖越冬后体重降低 10%~15%。体质虚弱、营养不良的个体，特别是越冬前不久才孵出的稚鳖，体内积储的营养物质少，往往会被冻死。

在一年中，适于鳖生长的时间较短。在自然条件下，我国长江流域地区，鳖的全年适宜生长时间也不超过 3 个月，因此鳖的生长速度较慢。另外，由于各地最适生长的时间长短不一，造成鳖的生长速度存在地域性差异。以个体长到 500 克为例，在我国台湾南部和海南岛仅需 2 年，而台湾北部和华南地区则需 3~4 年。我国长江流域的中华鳖自然状态下年龄和体重是有一定关系的，据科研表明：刚孵出的稚鳖，体重为 3.7 克左右；长到当年年底时，体重在 5~15 克，平均体重为 7 克；长到第二年年底时的体

重为 50～100 克，平均为 93 克；长到第三年年底时的体重为
100～250 克，平均为 225 克；等到第四年年底时，体重为
400～500 克，平均为 450 克。如果常年在温室条件下饲养，鳖不
进行冬眠，其生长速度大大加快，一般 2 年时间即可达 500 克左
右。养鳖成功经验之一是将养殖池水温常年控制在 30 ℃，养殖
隔年孵出的稚鳖，只需 14～15 个月，鳖的体重可达 600 克左右。

鳖的冬眠习性是其对恶劣环境的一种适应性，是为求生存而
形成的一种保护性功能。因此，通过人工控温可以改变这种习
性，这使缩短养殖周期、快速养鳖成为可能。当然，当温度高于
35 ℃时，鳖的活动和进食也会受到影响，当温度持续升高到
40 ℃以上时，它就会停止进食并减少活动，同时潜入水底或阴
凉处进入"避暑"状态。

四、鳖的生活习性

鳖喜静怕闹、易受惊吓，对声响和移动物体极为敏感，一遇
风吹草动就会迅速潜入水中。例如，汽车的轰鸣声、飞机的声
音、马达的声音、喇叭的声音和机械刺耳的撞击声，都会影响鳖
的正常栖息和觅食行为。但是它对那些有规律、声音较轻的环境
适应能力很强。例如，在优美动听的音乐声音中，它会很快适应
而不躲避，所以有专家研究利用音乐来促进鳖的生长、发育和繁
殖。还有一个有趣的现象就是在大自然中夜晚发出的虫鸣蛙叫
声，鳖对它一点都不觉得反感，反而有一种安全感。

同类之间常常会因争抢食物、配偶及栖息场所，而伸长头颈
相互攻击、撕咬，在食物较少时，也会发生大鳖吃小鳖、健壮鳖
蚕食瘦弱鳖的现象。

鳖在水中呼吸频率随温度的升降而增减，一般 1 次 3～5 分
钟，如遇环境突变或特殊情况，呼吸频率会大大下降。鳖在水中
潜伏时间可达 6～16 小时。长时间潜伏时，鳖主要利用咽喉部的

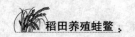

鳃状组织与水体进行气体交换。

鳖的另一特性是晒背。自然环境中的野生鳖，天气晴朗、阳光强烈时，便爬到安静的滩地、岩石上晒太阳，即使在炎热的夏季也会大胆地爬到发烫的岩石上晒背，直到背腹甲的水分晒干、体温提高为止。鳖在晒背时头、颈、四肢充分伸展，尾部对着阳光，每次持续45分钟左右。晒背有助于提高体温，加强体内血液循环，加快消化吸收，并能起到杀菌洁肤的作用，使体外寄生虫无法生存，还可促使革质皮肤增厚和变硬。

五、鳖的生活环境

鳖的生长发育过程中还需要有良好的生活环境，喜欢在"肥活嫩爽"的水环境中生活，对于溶氧，养殖环境中要保持3毫克/升以上，否则就会影响鳖的生存与生长。pH要保持在7~8.5的微碱性为好，透明度稻田的田间沟里要高于30厘米为宜。另外鳖对刺激性气味比较敏感，这是因为它的感觉器官——嗅囊特别发达，所以当养殖环境中的刺激性气味较浓时，就会对它的中枢神经造成麻痹，甚至窒息死亡。例如，在养殖过程中，由于投喂的饲料不能及时被吃完而导致水体中可能会产生一些氨、甲烷、硫化氢等有毒气体，这些对于鳖来说是极其致命的。

六、逃跑能力很强

鳖能短时间在陆地上生存，所以它的逃跑能力很强。特别是在夜间，它喜欢顺流爬行，如果是雨天，就会随着河水径流迁移，严重时会导致稻田里的鳖全逃光，因此在养殖过程中必须做好防逃设施和雨天的检查措施。

七、鳖的食性

鳖是一种典型的杂食性动物，食谱很广，大多数人和畜类、鱼类能食用的原料，都可以用来给鳖做成配合饲料或直接投喂。动物性饲料主要是昆虫、小鱼、虾、螺、蛳、蚌、蚬、蛤、蚯蚓、动物内脏、瘦肉等；植物性饲料主要为植物茎叶、浮萍、瓜果类、蔬菜、杂草种子、谷物类等；不同的生长阶段，鳖对食物的喜好也有一定的差别。稚鳖喜欢食小鱼、小虾、水生昆虫、蚯蚓、水蚤等；幼鳖与商品鳖喜欢食虾、蚬、蚌、泥鳅、蜗牛、鱼、螺、蛳、动物尸体等，也食腐败的植物及幼嫩的水草、瓜果、蔬菜、谷类等植物性饵料。鳖的耐饥饿能力强，数月不食也不会饿死。另外，鳖对一些腥味、血味和其他一些气味特别敏感，因此在配制饲料时，使饲料有一定的腥味，这对吸引鳖前来摄食是大有好处的，但是如果饲料里存在大蒜或气味很浓的中草药，就会直接影响鳖的摄食。

八、鳖的年龄与生长

由于鳖无盾片，对它的年龄不能用同心圆纹来判断，过去人们对鳖的年龄基本上都是通过估计来判断的，到目前也没有一个准确的比较好的鉴定年龄的方法。

鳖的生长呈现出几个特点：

一是鳖的生长速度在不同年龄阶段有显著差异。无论是什么地方，也无论是什么地理品系的鳖，在不同的年龄它的生长速度是不一样的，以长江流域的鳖为例，当年鳖体重可达 5～15 克，2 龄重达 50～100 克，3 龄重达 100～250 克，4 龄重达 400～500 克，5 龄重达 600～800 克；5 龄以后生长速度显著减慢。

二是雌雄不同的鳖生长速度也有显著差异。根据研究表明，体重为 100～300 克，雌鳖的生长速度明显快于雄鳖；300～400 克，

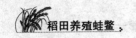

两者的生长速度基本相似；400~500 克，雄鳖则比雌鳖生长速度快；500~700 克，雄鳖生长更快，几乎比雌鳖快 1 倍；在 700~1400 克，雄鳖生长速度减慢，雌鳖生长速度则更慢。

三是同源稚鳖在相同饲养条件下生长速度也有差异。这与卵粒的大小、稚鳖个体轻重及争食能力的强弱等因素密切相关。体重大小有时可相差 1~4 倍。因此，人工繁殖时必须选择个体大的鳖亲本，会产出大的卵粒，为繁育健壮的稚鳖打下基础。人工饲养过程中，必须按鳖的个体大小及时分级、分池饲养，保持同池中鳖的规格一致，这是促进鳖生长的一项重要措施。

九、鳖的繁殖习性

鳖是卵生性的，所有鳖的卵都产在潮湿温暖的陆地卵穴里，卵穴呈锅状，上大下小。鳖产卵时间都是每年 5—10 月，产卵时，若受到惊动也不爬动，直到产完卵为止。每次产卵少则 3 枚，多达 10 余枚，产卵的数量随着雌鳖年龄的增加而增加。鳖没有护卵的习性，产完卵后，用沙土覆盖就走了，不再关心它们所产的卵。在自然界中，鳖卵的孵化完全依赖自然界的光、热、雨水及沙土的温度。因此在自然界中，鳖卵的孵化率及幼鳖的成活率是比较低的。鳖卵的孵化期与气温有着密切的关系，若天气暖热，孵化期短；若天气凉爽，则孵化期相对长一些。鳖卵孵化温度为 22~36 ℃，最适温度是 30~32 ℃，低于 22 ℃时胚胎发育停止，高于 38 ℃会致死。鳖卵在孵化过程中对温度变化极为敏感，每变动 1 ℃都会显著影响胚胎发育速度，一般在 22~26 ℃条件下，胚胎发育时间为 60~70 天；33~34 ℃条件下为 37~43 天，30 ℃恒温下需 40~50 天。

第三节　蛙的概况

蛙是指牛蛙、青蛙（黑斑蛙）、美国青蛙、蟾蜍（癞蛤蟆）、石蛙等没有尾巴的两栖动物，人们可以通过在稻田里养殖它们，取得非常好的经济效益。这些蛙类的皮肤长期裸露在外界环境中，没有甲壳也没有羽毛，所以不能有效地防止体内水分的蒸发，因此它们一生离不开水或潮湿的环境。在进行人工养殖时，一定要注意种源的供应。另一方面这些蛙类都是变温动物，体内的温度与环境温度的变化息息相关，因此它们也怕干旱和寒冷，所以大部分蛙类总是生活在热带和温带多雨地区，只有极少种类分布在寒带。

一、蛙的分布及分类

蛙广泛分布于世界各地，在分类上是属于脊索动物门、脊椎动物亚门、两栖纲、无尾目、蛙科。蛙的种类比较多，而且具有养殖效益的种类也不少，在我国，除了土生土长的青蛙外，还有从外国引进的具有经济价值的多种蛙类，目前在我国的可养蛙主要包括牛蛙、青蛙（黑斑蛙）、美国青蛙、蟾蜍（癞蛤蟆）、石蛙等。为了方便阐述，本书以美国青蛙在稻田中的养殖为例，不再一一讲述其他的蛙类。

二、蛙的个体发育

蛙是典型的两栖动物，既保留了它们在水中的生长习性，又要经过自身的变态来适应陆地的生活。蛙的生活周期就是：成年蛙产出卵，孵化出蝌蚪后，经变态发育成幼蛙，这时具有

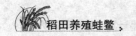

了成蛙的基本特征，然后幼蛙再成长为成年蛙，成年蛙的性腺发育成熟后，又开始产卵，就这样周而复始地进行蛙的生长周期。

成年蛙营水陆两栖生活，性成熟的亲蛙经相互追逐后，就在水中进行抱对，然后雌蛙产出卵子，而雄蛙也同时产出精子并让卵子受精而成为受精卵。受精卵经过一系列的胚胎发育后，经过一定的时间（不同的蛙，时间略有差异）后，就孵化出蝌蚪。蝌蚪是蛙类的幼体，它与成蛙有着明显的差异，它完全在水中生活，用鳃呼吸，有一条长长的尾巴，完全靠游泳进行活动。随着时间的推移，蝌蚪在适当的条件下会慢慢进行变态，先是长出两条前腿，再慢慢地长出后面的两条腿，这时的尾巴也渐渐地缩小，直到完全消失。与之相应的是它的内部结构也在发生着变化，使之更适应两栖生活。蝌蚪经变态后就成为幼蛙，幼蛙可以用肺和皮肤呼吸，并且开始渐渐地登陆生活，直到它的大部分时间都在陆地上生活。幼蛙经过又一段的时间生长后，会慢慢长大成为成年蛙，成年蛙又会进一步发育成为亲蛙，又可进行抱对、产卵，进入下一个生长周期。

三、蝌蚪的外部形态

蛙类的幼体和成体的外部形态是完全不同的，幼体叫蝌蚪，更适应于水栖生活，离开水不久就会死亡，外部形态分为头、躯干和尾三部分。而成体叫蛙，它适应于水陆两栖生活，喜欢在靠近水源的潮湿地带生活，或者是在潮湿的森林环境中生活，它的外部形态与幼体有一个明显的区别就是没有尾巴，也没有颈部，但有 4 条腿，因此外部形态分为头部、躯干和四肢三部分。

在蛙类的发育过程中，蝌蚪是一个必不可少的发育过程。蝌蚪与成体的蛙类不同，具有能适应水中生活的一系列特征。从受精卵孵化出小蝌蚪一直到变态为幼蛙，在这一段时间内，蝌蚪的形态特征也会随着发育时期的不同而有一定的差别。

　　刚刚孵化的小蝌蚪，还带着卵黄囊，它的口部尚未完全形成，因此，此时的小蝌蚪不能从外界环境中摄取食物，只能依靠卵黄囊里的卵黄来维持生命活动。几天以后，蝌蚪的眼和鼻先后出现，头部的下面开始出现一个小小的吸盘，蝌蚪会利用这个吸盘将自己固定在水草、池壁等物体上，同时卵黄渐渐被消耗，卵黄囊也渐渐萎缩。此时头的两侧会出现 3 对羽状外鳃，这种羽状外鳃是一种临时性的结构，目的是为刚孵化的蝌蚪提供呼吸功能；随着生长发育的继续，卵黄囊彻底萎缩，蝌蚪的口部开始形成，此时的蝌蚪具有主动摄食的能力，与之同时，它口部的吸盘消失了，而且羽状外鳃也渐渐萎缩，这个时期的呼吸功能渐渐由蝌蚪的内鳃来完成；为了完全适应水体的游泳生活，掌握运动的方向和速度，这时的蝌蚪慢慢地长出一条扁扁且长长的尾巴。随着进一步的发育，蝌蚪还在不断地变化，蝌蚪的肺慢慢地开始出现，这时蝌蚪可以慢慢地浮到水面上利用肺直接呼吸空气，同时排出身体内的二氧化碳等气体。蝌蚪全身的皮肤是黑黝黝的，在阳光照射下会闪出光芒，身体两侧的皮肤是感受器，能感受水体的温度、水压、食物的位置和大小等。蝌蚪的消化系统是随着卵黄囊的消失而渐渐地发展起来的，在它的躯干部和尾部交界的地方，有一个肛门，这是蝌蚪将体内的废物及时排出体外的通道。

四、蛙的外形特征

　　所有蛙类的外形特征基本是一样的，身体略呈纺锤形，又粗又短，全身可分为头、躯干、四肢三部分。

　　1. 头部

　　蛙的头部一般呈三角形，口前位，口腔内有一条肉质发达的

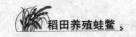

舌。蛙的舌非常重要，是其捕食的最主要工具，它平时都是折缩在口腔里，只是在捕食时才会迅速地伸出口外。由于蛙舌上富含黏液腺和乳头突，能在瞬间分泌出大量的黏液，将昆虫牢牢地粘住，并带回嘴里吞下。蛙头部的前上方有一对小鼻孔，能控制气体的进出，这是蛙主要的呼吸通道；当然鼻孔还有嗅觉作用，蛙通过它就可以感知附近的食物。头上方两侧有一对椭圆形大而突出的眼，有上下两个眼睑，上眼睑不能活动，而下眼睑是可以活动的。两眼后方各有一个圆形或椭圆形的薄膜，我们称之为鼓膜，这是蛙的耳。鼓膜后面还有一个能分辨雌雄的结构，特别是在繁殖期更是明显，雄蛙在这里有一对声囊，而雌蛙没有。在繁殖季节，雄蛙的声囊会变得更大，而且能发出鸣叫声。牛蛙就是因为雄牛蛙在发情时的叫声像牛一样而得名，而雌蛙不能发出鸣叫声，仅能发出咯咯的声音，非常好区别。雄蛙就是利用这种特有的鸣叫声来吸引雌蛙的注意力的，而且鸣叫声越大，对雌蛙的吸引力就越大，雌蛙听到召唤后就会赶来与雄蛙交配。

2. 躯干

在蛙的鼓膜之后，泄殖腔孔之前的这一部分就是躯干，它是蛙体中最大的部分，也是可食性最多的部分。躯干的背面光滑，但是皮肤上常有褶皱或肤嵴。腹部容纳了蛙体的大部分内脏，因此是蛙最重要的部分。腹面是很膨大的。它的最末端是肛门，又称为泄殖孔，具有排泄和生殖的功能。

3. 四肢

蛙的成体与幼体的一个区别就是没有尾巴，却长出了四肢，分为前肢和后肢。蛙在陆地生活时，主要是依靠前肢直立着地，支撑着身体的前部，便于四面张望，及时发现食物和敌害；后肢比较粗壮、较长，后肢的趾有 5 个，趾间有蹼，而且蹼也比较丰厚，一直到达趾端，这是适应在水中生活（游泳）和陆地生活（跳跃）的重要运动器官，方便两栖生活（图 1-2）。

图 1-2 蛙

蛙的四肢中的前肢还有一个重要的功能，就是帮助繁殖。雄蛙的拇指内侧有一个膨大的肉垫，被称为婚姻瘤或指垫。蛙到了性成熟时期，尤其是在繁殖盛期，这种婚姻瘤会更加明显、更加膨大，雄蛙就是用它来紧紧地抱住雌蛙进行交配的。为了确保抱对有力、交配成功，婚姻瘤内还有特别的黏液腺；平时这种黏液腺不发生作用，一旦到了生殖季节，它就开始分泌黏液，尤其是当它抱住雌蛙时，会迅速分泌出更多、更黏稠的液体，使它们两个尽量黏在一起，不易滑落。

五、蛙的内部系统

蛙类体内有许多组织器官，分别承担着各自不同的功能，分为皮肤系统、骨骼系统、肌肉系统、消化系统、呼吸系统、循环系统、神经系统、内分泌系统、排泄系统和生殖系统，它们相互协作，成为一个有机的整体，共同维持蛙类正常的生理活动和新陈代谢。

1. 皮肤系统

蛙类的皮肤位于体表，是裸露的，体表上没有特殊的（如鳞片等）覆盖物。皮肤的表面很粗糙，但是也很湿润，由薄的表皮层和较厚的真皮层共同组成。

蛙的皮肤上通常有一定的轮廓、形状及一定部位的增厚部

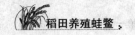

分，我们称之为褶或腺。另外皮肤上还有不规则、分散或密集的皮肤隆起，不同的蛙隆起的程度不同，同一类蛙，在不同的生长季节和不同的生长部位，隆起程度也有一定的差异。那些隆起较大而表面不光滑的叫瘰粒，隆起小而光滑的则称之为疣粒。

蛙类的皮肤除了头部和眼睛前方外，真皮层中都布有许多腺体，这些密布的腺体能分泌许多黏液，它们是蛙类在陆地生活中保持皮肤湿润的主要功臣；同时这些黏液有助于空气和水分在蛙体表的渗透，还可在夏季高温时散发蛙体内的热量，或在深秋和早春时吸收阳光的照射，因此也起到保护皮肤不受伤害和及时调节体内温度的作用。真皮层布满了微血管网络，能够吸收溶解于皮肤表面的氧气，排出体内的二氧化碳，因此蛙类的皮肤有一个重要的功能就是帮助蛙呼吸。蛙类在高温或低温的夏眠或冬眠时，尤其是在水下越冬时，它们基本只依靠皮肤来进行呼吸，因此，蛙的皮肤有利于它们的两栖生活。

2. 骨骼系统

和所有的两栖动物一样，骨骼是蛙类整个身体的坚硬支架，它的作用主要有两点：一是通过坚硬的骨骼来让蛙的身体保持一定的形状和姿态；二是通过骨骼形成一个腔体，保护和容纳身体内部器官。

骨骼系统分为中轴骨和附肢骨两大部分，其中，中轴骨是最主要的骨骼系统，它由头骨和脊柱骨共同组成，头骨是由脑颅和咽颅共同组成；附肢骨由前肢骨和后肢骨组成，附肢骨连接在脊柱骨上。

蛙类的骨骼中含有丰富的磷酸钙，因此蛙的骨骼既坚硬又轻巧，在人工养殖蛙类时，为了促进蛙的正常生长发育，保证骨骼系统的良好发育，必须在配合饲料中及时添加足够的钙和磷，以满足它们的生长需求。

3. 肌肉系统

蛙类的肌肉主要集中在两处，分别是躯干肌肉和附肢肌肉，其中，附肢肌肉特别是后肢肌肉特别发达，环绕肩带及肢骨分布，因而运动非常灵活，当然四肢肌肉也是食用蛙中可食部分最好的部分。蛙类肌肉的重要作用表现为：一是通过肌肉组成了体壁、四肢、器官、系统等；二是借助肌肉的收缩，蛙类的器官和肢体才能发生各种动作，如捕食、交配等行为；三是起控制作用，例如，躯干肌虽然不发达，多为片状纵行或斜行长肌肉群，但是通过这些躯干肌，蛙才能有效地控制头部和脊柱的活动。

根据肌肉的性质分，蛙类的肌肉大致可以分为三种：一是骨骼肌，就是附着在骨骼上的肌肉，它组成了蛙的四肢肌肉和体壁肌肉；二是平滑肌，它是组成蛙类内脏器官的管壁肌肉，如肠、胃、肺、膀胱等；三是心肌，就是组成心脏的肌肉，心肌是保证心脏收缩有力、维持蛙类正常供血的基本器官。

4. 消化系统

蛙类虽小，但是它的消化系统却很发达，整个消化系统由消化管道和消化腺共同组成。

消化管道又叫消化道，是一条长管状的结构，始于口，经过口腔、咽、食道、胃、小肠、大肠、泄殖腔等，终止于泄殖孔。

对食物起消化作用的还有消化腺，就蛙而言，最大的消化腺有两个，一个是肝脏，另一个就是胰脏。

5. 呼吸系统

蛙类的呼吸系统相对来说是比较复杂的，因为在不同的阶段它是有明显区别的。

（1）蝌蚪期的呼吸系统

蝌蚪一直在水中生活，它的呼吸系统也要完全适应水生的需求，这主要体现在蝌蚪是用鳃呼吸的。在蝌蚪刚孵化出来时，它

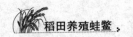

是用 3 对羽状外鳃进行呼吸，随着身体的发育，外鳃渐渐萎缩，同时出现 4 对内鳃来行使外鳃的呼吸功能。无论是内鳃还是外鳃，均有大量的毛细血管，而且与水有较大的接触面积，这些特点都非常有利于蝌蚪利用鳃在水中进行呼吸。当蝌蚪变成幼蛙后，内鳃就已经完全消失了，这时蛙就开始用肺呼吸。

（2）蛙的呼吸系统

蛙类的呼吸系统是由鼻、口腔、喉、气管、肺和皮肤共同组成的。蛙的呼吸方式是咽式呼吸，在呼吸时，外界的气体先由外鼻孔进入鼻腔，在鼻腔中停留片刻，然后再通过内鼻孔到达口腔，在口腔里的微血管，可以先完成极少量的气体交换，大部分的气体会继续进入喉，再通过气管进入肺，在肺里完成绝大部分气体的交换。肺囊内有许多网状的肺泡，肺泡内有稠密的微血管，可以进行气体交换。在进行气体交换时，肺囊会借助肌肉的收缩逐渐变小，将内部的二氧化碳等需要及时排放的气体压出体外。

由于蛙类的肺是比较简单且不发达的，因此不能为血液提供充分的氧气，这就需要通过皮肤呼吸来补充肺呼吸的不足。因此我们看到在春季天气转暖时，蛙的活动剧烈，新陈代谢速度会加快，如果需要大量的氧气，就会借助皮肤呼吸部分氧气；而在冬季低温时，蛙会潜在深水里或泥土中进行冬眠，这时肺基本上不再进行呼吸，皮肤便是它的主要呼吸器官了。在非休眠期，蛙类由皮肤所吸取的氧气，要占到总呼吸量的 40% 左右，而呼出的二氧化碳则主要依靠皮肤排出去。

6. 循环系统

蛙类的循环系统是由心脏、血管和淋巴系统共同组成的。在蝌蚪期，它的心脏系统更加脆弱，仅由一心房一心室构成，是简单的单循环系统。当蝌蚪变态成幼蛙后，心脏系统由两个互不相通的左右心房、一个心室、动脉圆锥和静脉窦 4 个部分组成。这是一种不完善的双循环系统，结果就会导致蛙的血液供氧能力不足，供给机体的能量较低，新陈代谢的速度很慢，致使其体温变化大，因此它是冷血动物。体温要随着外界的温度变化而不断地改变，在冬季低温时要进行冬眠，而在夏季高温时也要进行夏眠。

7. 神经系统

蛙类的神经系统主要包括脑、脊髓及由脊髓发出的神经节和神经，根据所起的作用不同又可以分为中枢神经系统和周围神经系统两部分。中枢神经系统由脑和脊髓共同组成，脑分为小脑、大脑、间脑、中脑和延脑。蛙类的前脑比较发达，有真正的脑皮层，嗅觉受大脑控制，蛙的大脑不发达，因此蛙的嗅觉很不发达。视觉受中脑控制，蛙类的中脑也不发达，因此蛙的视觉也不发达；在陆地上它只能见到附近物体，而且对运动的物体敏感，对静止的物体可以说是视而不见，但是在水中可以远视。听觉器官很发达，它对声响的反应是非常敏感的。

8. 内分泌系统

蛙类的内分泌系统主要由甲状腺、胸腺、肾上腺、垂体和性腺等组成，它们的分泌物主要是各种激素，这些激素是蛙类生长、发育、生殖不可缺少的物质。

9. 排泄系统

蛙类的排泄系统由肾脏、输尿管、泄殖腔和膀胱等组成。1对肾脏位于脊柱的两侧，每个肾脏各通1条输尿管，尿液形成后并不立即排出体外，而是由输尿管流经泄殖腔，到达膀胱，暂时存储于膀胱中。当膀胱里面的尿液充满后，再通过泄殖孔排出体外。蛙类产生的粪便是由大肠排入泄殖腔，再通过泄殖孔排出到体外的。

10. 生殖系统

蛙类是雌雄异体的动物，整个生殖系统分为两类，一类是雄

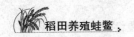

性生殖系统，另一类是雌性生殖系统，各类生殖系统均由生殖腺和生殖管道组成。

（1）雄性生殖系统

雄蛙的生殖系统是由睾丸、输精小管、输精管、贮精囊、泄殖腔、泄殖孔共同组成的。雄蛙体内在肾脏的腹面内侧有1对椭圆形的睾丸，呈浅黄色，内部由丰富的输精小管和输精管相连。雄蛙本身是没有交配器的，当雌雄亲蛙抱对时，雌蛙先产出卵子，这时雄蛙的睾丸内就会产生精子，由输精小管和输精管再经过泄殖腔，最后迅速排出体外，与雌蛙的卵子结合，在体外完成受精。

（2）雌性生殖系统

雌蛙的生殖系统是由卵巢、脂肪体、输卵管、子宫、泄殖腔、泄殖孔共同组成的。卵巢是一对多叶状、长囊形的雌性生殖腺，位于肾脏前端的腹面，形状、大小会因季节不同存在一定的差别，尤其是在生殖季节生长发育得非常快。成熟的卵子并不是立即排出体外的，而是在卵子上包裹一层卵胶膜后进入子宫，暂时储存在子宫里。当雌蛙在抱对受到雄蛙的刺激时，大批的卵经泄殖腔、泄殖孔排出体外。脂肪体是对蛙生殖具有明显促进作用的一种结构，呈黄色，含有大量脂肪，平时它会储存大量的营养物质，供精巢和卵巢发育所需，如在生殖季节可以促进生殖细胞的快速生长。我们通常所说的蛙油就是指雌林蛙的输卵管，是长形呈弯曲状的乳白色管状物。

六、我国蛙养殖概况

我国的蛙类有130种左右，但是具有明显经济效益且能大面积养殖的蛙类不是很多，大约10种。

牛蛙养殖始于美国东部及加利福尼亚州，至今已有近百年的历史。我国内地人工养蛙始于20世纪50年代末，1958年上海水产学院，1959 年宁波、天津等地的单位先后分别从日本引进牛蛙试养，1961 年广东亦试养从日本引进的牛蛙。1962 年，周总理出访古巴时，获赠一批牛蛙（Rana Catesbians Shaw），分发到全国各地试养，后来中断。从 80 年代初起，经济蛙类作为一种新型养殖对象在国内兴起，养殖品种不断增加。除早年引进的牛蛙之外，1987 年广东又引进了美国沼泽绿蛙（Rana Grylio）（简称美国青蛙），另外，我国优良的地方蛙类也开始了人工养殖，如黑斑蛙（Rana Nigromaculata）、虎纹蛙（Rana Tigrina Rugulosa）、棘胸蛙（Rana Spinosa）、泽蛙（Rana Limnocharis）、金线蛙（Rana Planci）等。1988 年，当时的国家科委"星火计划"办公室，将蛙类养殖列入国家"星火计划"项目，促使我国蛙类养殖业得到空前的发展。湖南、湖北、江苏、广东等省的养蛙产量都曾超过 3000 吨。就全国而言，我国的蛙类养殖业已开始向集约化、规模化、商业化、产业化、信息化的方向发展。

七、蛙的价值

蛙类是分布广泛、种类众多、价值非常大的两栖动物，养殖经济蛙类，对于积极发展有特色的优势产业，发展农村经济，增加农民收入，优化农业和农村经济结构，使农村现代农业的可持续发展能力不断增强，生态环境不断改善，资源利用效率显著提高，促进人与自然的和谐发展，推动社会走上生产发展、生活富裕、生态良好的文明发展道路。发展经济蛙类的养殖，具有明显的经济、生态和社会效益。

1. 食用价值

青蛙的肉质很鲜美，如同鸡肉一般，所以蛙类还有一个别名就叫田鸡。蛙类的一个非常重要的价值就是它的食用价值非常高，它的食用制品极受国际市场欢迎，特别在中国香港及东南亚地区享有极高的声誉，销售价格昂贵。蛙肉的肉质白、鲜、香、

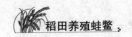

嫩，蛋白质高，脂肪含量低，营养丰富，味道鲜美，口感要比猪、牛、羊、鱼肉爽滑，尤其是蛙类的大腿肉，更是一绝，属于低脂肪、低胆固醇、高蛋白质的优质食品，已成为倍受人们青睐的高级佳肴，适合于各类人群。例如，美国青蛙肉中的蛋白质含量高达 19.4%，还含有丰富的氨基酸、维生素、微量元素、胡萝卜素及雌二醇等物质。另外，它的不饱和脂肪酸（如油酸、亚油酸）的含量也比一般动物性肉类要高 10% 左右。蛙卵的营养价值更高，被称为"黑色食品"，是一种高档的食品，是餐桌上难得的美味佳肴。

在食用方面，国外的蛙类产品开发更加完善，已经有牛蛙罐头出售。

2. **药用价值**

一些主要蛙类是经济价值很高的药、食兼用的动物资源。蛙肉性凉、味甘，具有活血化瘀、清热解毒、补虚止咳、滋阴壮阳、养心安神、补气、健胃、补脑的功效。林蛙油又叫哈士蟆油，就是雌性林蛙的输卵管，是一种名贵的中药材，尤其是中国林蛙和黑龙江林蛙，体大，含油量高。林蛙油主要的有效成分是蛙醇，具有"补肾益精、润肺养阴"的功效，专治肾虚气弱、精力耗损、记忆力减退、妇产出血、产后缺乳及神经衰弱等症，被古今医学专家视为国宝、补品之王。另外，蛙油经过深加工后，可以制做出高档的菜品，即雪蛤。

蟾蜍的外貌虽然丑陋而且有臭味，但是它的皮肤上有很多瘤突，能分泌出一种毒液。这种毒液可以制造蟾酥，是多种药物的原料，有止血、消炎、排毒、消肿的功效，中药六神丸、蟾酥丸等成药都含有蟾酥。

泽蛙能够治疗疥疮，有解湿毒的功效；虎纹蛙则能治疗小儿疳积症。

食用美蛙油对提高体质、增进健康有明显的效果，而且无不良反应。常食蛙肉、蛙油可以增强体质，有延年益寿的功效。

3. 工业价值

蛙除了供人吃肉、做保健品或药用外，还有很高的工业价值。例如，它的皮质地坚厚、柔软、光滑、富有弹性，是制作皮具用品的原料，通常被用来加工制革和炼制皮胶；蛙油经提炼后，不仅可以食用，还是精密仪器的高级润滑油，通常被用于航天、航海、精密电子等方面。

4. 农业价值

蛙类是农业、林业的卫士，专食活动的昆虫或蠕虫。据统计，1 只林蛙 1 年能捕食各种害虫 3 万多只。通过有关胃检发现，青蛙胃中出现的食物种类达 6 纲 13 目近 60 种，其中，以昆虫纲为主，主要为鞘翅目、直翅目、同翅目、双翅目、半翅目，其次为蛛形纲蜘蛛目及软体类的田螺和蜗牛。因此，开展蛙类在稻田中的养殖，是水稻生物防治害虫的主要手段之一。由于蛙类捕食"贪得无厌"，几乎不加选择地捕获其力所能及的所有昆虫，可以有效地减少农药的使用次数和使用量。

5. 饲料价值

蛙类还可以用作饲料，作为食品来说，可食价值较低的蛙头、骨骼和内脏经过深加工可成为家禽、鱼类及其他特种养殖的优质饲料。

6. 实验价值

由于蛙类的个体大、繁殖快，而且养殖和繁殖都比较容易，因此对于科研是理想的实验动物之一，许多给人类带来巨大福音的实验都是通过蛙类来完成的。

八、蛙类养殖的发展前景

蛙类养殖的发展前景是非常广泛的，这是因为蛙类养殖具有以下几点优势。

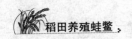

　　第一，蛙类的产卵量多，繁殖周期短，生长速度快，具有较强的养殖比较优势。

　　第二，蛙类的食性广泛，除了能吃活饵料外，经过驯化后，也能摄食配合饲料，因此养殖蛙类具有饲料来源方便的优点。

　　第三，蛙类的养殖方法简单、方式多样，既可以池塘养殖，又可以稻田养殖；既可以单养，又可以混养；既可以利用家前屋后进行养殖，又可以开挖稻田进行综合种养。因此蛙类养殖在农村是大有前途的。

　　第四，开展蛙类养殖，具有节能、节水、节粮、高产、高效的特点，是调整农村产业结构，发展生态农业和无公害农业的重要举措之一。

　　第五，在开展蛙类养殖的同时，可以进行多种经营和立体养殖。例如，可以养蛙与养鱼的混合养殖，养蛙与种稻、养蛙与栽果树、养蛙与种蔬菜的立体养殖，可取得明显的生态、经济和社会效益。

　　第六，开展蛙类养殖，可促进蛙类综合利用与深加工产业的发展。例如，林蛙产油率高，林蛙油富含18种氨基酸、矿物质和多种维生素，其所含营养物质足以满足人体对各种营养成分的需求，因此以林蛙为主要原料的保健食品等深加工不断被开发生产，使得蛙类的出口创汇能力大增。

　　第七，蛙类养殖除了小打小闹外，要想取得更大的发展，必须向规模化、集团化、产业化、商业化、深加工、高附加值经济迈进，也是农村发展立体经济的一项重要补充。在稻田养殖中要改变传统的粗放式养殖方式，加大高科技投入力度，从根本上解决蛙类养殖方式及饵料问题，使蛙类产卵、孵化、生长、发育、繁殖、性别控制等环节，完全在人为控制下进行。

九、适宜稻田养殖的蛙类

虽然我国蛙类的种类较多，但是真正具有养殖效益的并不多，目前适合稻田养殖，且经济效益最明显的就是牛蛙、美国青蛙、棘胸蛙、黑斑蛙、虎纹蛙和我们在农田里常见的青蛙。这里对常见的养殖品种做一简要的介绍。

1. 牛蛙

牛蛙的头部宽而扁平，略呈三角形，前端较尖，游泳时阻力小，头颊灰绿色。躯干部短而宽大，腹部较膨大。背部及两侧和腿部的皮肤颜色随栖息环境和个体年龄的变化而变化，通常为深褐色或黄绿色，近看时有深浅不一的虎斑状横纹。前肢较短小，成年雄牛蛙拇指内侧有发达的婚瘤。牛蛙个体重可达 1 千克以上，最大可达 2 千克。

牛蛙喜高温阴湿，多栖息在稻田里或池塘边沿近水处的草丛中，牛蛙鸣叫声酷似黄牛，听到牛蛙叫声，可预知产卵期即将来临，产卵期过后即停止鸣叫。

2. 美国青蛙

个体比牛蛙略小，一般可达 400 克。美国青蛙体扁平，头小且扁，形似青蛙。背部常为黄褐色，具有深浅不一的圆形或椭圆形斑纹，不同于牛蛙的斑状横纹。前肢较小，后肢发达，但不喜欢跳跃。美国青蛙不常鸣叫，偶尔会发出"嗷嗷"声。

3. 黑斑蛙

黑斑蛙的成体体长 8 厘米左右，雄性略小。皮肤不光滑，背部两侧各有 1 条浅棕色的腺褶，背面为深绿色、黄绿色或带棕灰色，具有不规则的黑斑。雄蛙口角处有 1 对外声囊，第一指基部有粗肥的灰色婚垫，满布细小白疣。

4. 虎纹蛙

虎纹蛙体大粗壮，体重可达 250 克。皮肤粗糙，背部、体

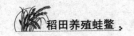

侧、四肢背面满布大小疣粒，背部有许多长短不一的纵脊，称为肤棱。背面黄绿色略带棕色，背部、头侧和体侧有深色不规则的斑纹，咽喉部有黑斑。雄蛙有 1 对外声囊，位于咽喉侧部。前肢粗壮，灰色婚垫发达。

5. 棘胸蛙

棘胸蛙的身体肥壮，体长 10～13 厘米，重 750 克左右，体形近似于虎纹蛙，皮肤粗糙。雄蛙背部有许多窄长疣，多成行排列而不规则，头、躯干、四肢的背部及体侧布满小圆疣，以体侧最为明显。雄蛙胸部满布分散的大刺疣，疣基部隆起，中央有明显的角质刺，第一指基部粗大，内侧三指均有黑刺；雌蛙胸部无刺，背面有分散的圆疣，疣上有黑刺。

6. 青蛙

青蛙的体形较苗条，多善于游泳。青蛙除了肚皮是白色以外，头部、背部都是黄绿色的，上面有些黑褐色的斑纹，有的背上有 3 道白印。青蛙的舌尖分两叉，舌跟在口的前部，倒着长回口中，能突然翻出捕捉虫子。有 3 个眼睑，其中 1 个是透明的，在水中保护眼睛用，另外 2 个（上下眼睑）是普通的。头两侧有 2 个声囊，可以产生共鸣，放大叫声。

第四节　蛙的生态习性

一、蛙的两栖性

蛙类的一大重要特征就是它的两栖性。这种生活方式是在长期进化过程中形成的，因此在生物进化史上，蛙类就是由水中生活向陆地生活的进化过程中的过渡类群。蛙的生活过程中需要有水和陆地，蛙的幼体——蝌蚪是必须生活在淡水中的，在海水中极少能生存，而经过变态后的成体则需要生活在靠近水域的潮湿的陆地上。与之相对应的就是蛙的外形变化非常大，成体和幼体完全没有相似性，突出的表现就是失去了长长的尾巴，长出了四肢，另外体色也由黑黝黝变成以绿色为主，并混有斑纹。

二、蛙的生活环境

1. 蛙的生活环境类型

成体蛙是生活在近水潮湿的环境中，在干燥、无水、阳光直射的环境中蛙类是无法生存的。不同的蛙类具体的生活环境又有一定的差别，总的来说，蛙的生活方式有3种类型：水栖型、陆栖型和树栖型。水栖型就是以水中生活为主，兼顾生活在陆地上，又可以根据它们喜欢水流的大小分为静水生活型、流水生活型和湍流生活型。例如，我们所养殖的美国青蛙、牛蛙、黑斑蛙和虎纹蛙都是典型的静水生活型，而棘胸蛙则属于流水生活型。陆栖型就是指主要以陆地生活为主，兼顾在水中生活，根据它们在陆地上生活的情况又可分为洞穴生活型、溪边生活型和草丛生活型。树栖型就是指蛙的幼体——蝌蚪生长在水中，而它的成体可以生活在陆地上，但更多的时间生活在树上，根据它们对树木的要求可以分为灌木生活型、乔木生活型。例如，中国林蛙就属于灌木生活型。不同的蛙生活在不同的两栖环境中，它们的身体形态结构和习性也是与周围的环境相协调。

2. 蛙对生活环境的湿度要求

蛙对生活环境有一定的湿度要求，只有满足一定的湿度条件，蛙类才能更好地生活。蛙类表面具有角质化的表皮，在一定程度上可以防止水分的蒸发，但是却不能满足蛙体对水分的需求。尤其是蛙类皮肤呼吸的必备条件就是需要皮肤湿润，干燥的皮肤是不能进行气体交换的，因此蛙类不能长时间地离开水。如果蛙类长期生活在干燥的空气中或在阳光下暴晒过久，就会造成

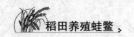

成蛙和幼蛙的大量死亡，因此蛙池一定要建在近水、潮湿、阴凉的环境中。

3. 蛙对水分的要求

无论是蛙的成体还是幼体，它们的生长发育过程都离不开水。蛙的蝌蚪期必须生活在水中，它的呼吸、摄食离不开水，另外蛙的一些重要活动也离不开水，如亲蛙的抱对、排卵、射精、受精、孵化、蝌蚪期的发育、变态等都需要在水中才能完成，因此可以说离开了水，蛙类就无法生长，也无法繁衍后代。

4. 蛙对光照的要求

虽然蛙类对光照的需求呈负趋向，但它们的生命活动也离不开合适的光照，这是因为光照对蛙类的新陈代谢、行为、活动、摄食、繁殖和生活周期都有着重要的影响。蛙类基本上是一种昼伏夜行的动物，白天躲藏在隐蔽的地方，以防烈日的照射，而晚上就出来活动、觅食，因此蛙类喜欢栖息在安静、温暖、潮湿、食物丰富的地方，光照不能太强烈。蛙类畏光但并不是不需要光，如果蛙类长期生活在黑暗中，它的性活动会受到抑制，甚至停止产卵。

三、变温与休眠习性

蛙类是一种冷血动物，它们的身体构造和机能还不健全，没有能力通过体内的新陈代谢产生足够的热量，并通过循环系统进行能量的合理分配，来达到调节体温的目的。这种能力它是不具备的，因此它仍然是一种变温动物，具体的表现为它没有恒定的体温，体温总是随着环境的变化而发生变化。

蛙类只有在它们适宜的温度范围内才能更好地生活，当外界温度变得过高或过低，超过其所能忍受的极限时，它就会实行一种自我保护的反应，这种对季节性不良环境的反应就是休眠。在夏季高温时，蛙类会躲藏在深水中或物体（如树枝）下面，甚至钻入洞穴中来度过酷暑，这就是夏眠；而当温度下降到 10 ℃ 以下时，蛙类就会钻入池底的底泥中或寻找洞穴进入冬眠。当第二年温度上升到 10 ℃ 以上时，才会结束冬眠，进入正常的生长活动期。我国大多数的蛙类都有冬眠的习性，由于不同纬度的养殖地区，气温高低不一样，蛙类进入冬眠的时间也不一样。例如，北方地区，蛙类进入冬眠的时间要比南方早，冬眠期也要比南方长，第二年苏醒的时间也是在南方之后。当然在同一地区，由于不同的蛙类自身对严寒的忍耐性有差别，因此它们的休眠时间也有所不同。例如，美国青蛙的耐寒能力要比牛蛙强，而牛蛙的耐寒能力要比虎纹蛙强。

四、蛙的摄食习性

1. 摄食习性

蛙类是以动物性饲料为主的杂食性动物，不同阶段的食性是有一定差别的。蝌蚪时期以植物食性为主，变态发育到幼蛙后，它的食性也随之发生变化，变为以动物食性为主。

2. 食物种类

蝌蚪时期食物种类以水中细菌、藻类、浮游生物、小型原生动物、水生植物碎片和有机碎屑为主；成蛙时期以环节动物、节肢动物、软体动物、鱼类、爬行类为主，其中，以节肢动物的昆虫为最多。在蛙的食物检测中，约 75% 的食物是各种昆虫，这些昆虫大多数是农田害虫。在人工养殖时，经过驯化的蛙类还可以吃人工配合饲料。

3. 摄食方式

蝌蚪时期的摄食方式主要是以滤食为主，取食时间是全天候的，只要有饵料，就会取食；而成蛙的取食主要是在夜晚进行，它是采取袭击式的方式进行掠食。在自然状态下，它总是待着不动，当发现食物时，就会慢慢地接近猎物，在到达一定的距离

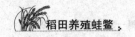

后，会突然跃起扑向食物，同时将口中长长且带有黏液的舌头伸出去，将猎物黏捕入口。

五、蛙的生殖习性

蛙类是雌雄异体动物，一只雄蛙可以同时与多只雌蛙进行交配。在野生条件下，虽然每只雌蛙产出的卵粒挺多，但是由于亲蛙在产卵后对受精卵和蝌蚪及变态后的幼蛙保护性极差，导致幼蛙的成活率不高，种群的维持就是依靠多产后代。

1. 繁殖季节

蛙类的繁殖是有一定的季节性的，一年中集中在4—7月进行，其中，繁殖高峰期在每年的5月。

2. 雌雄鉴别

性成熟的雌雄蛙是有一定差异的，尤其是在繁殖季节，这些差异性更加明显，包括体型大小、体棘、婚瘤、肉垫、体色、声囊、指长度、蹼的发育程度和雄性线等。常用来进行雌雄鉴别且有效的方法有以下几种：在同一年龄的个体中，雌蛙要比雄蛙大；在繁殖期，雄蛙的鼓膜要比雌蛙大；雄的肉垫在发情期更加明显膨大，以便在抱对时能紧紧抱住雌蛙；有的雄蛙胸部有肉质疣，而雌蛙没有，不过这种区别在平时不明显，只是在发情时才明显；大多数的雄蛙声囊发达，能发出洪亮的声音来吸引雌蛙。

3. 雌雄性比

在自然界中，绝大多数蛙类的雌雄性比接近于1:1，如牛蛙、美国青蛙等，也有的是雄蛙明显多于雌蛙，如中国林蛙的雌雄性比可达到1:2.3～1:1.3，也有的是雌蛙多于雄蛙，如棘胸蛙等。但在人工繁殖中，为了提高繁殖效率，通常是采取雌蛙多于雄蛙的策略，一般是1只雄蛙配2～3只雌蛙，以满足交配需求。

4. 性成熟年龄

性成熟年龄就是指成蛙经过进一步的生长发育，达到具有抱对、交配、产卵和孵化后代能力的时间。不同种类的蛙，其性成熟年龄是有区别的，短的也就几个月，长的可达 4~5 年，人工养殖的蛙类，基本上在 2 年左右性成熟。例如，棘胸蛙、美国青蛙和牛蛙的性成熟年龄为 1~2 年，中国林蛙为 2~3 年。当然，即使是同一种蛙，在不同的湿度条件下，它的性成熟年龄也有差异。平均生长温度高的蛙要比温度低的蛙性成熟早，性成熟年龄要低。例如，美国青蛙在南方的性成熟年龄要比北方提前 3 个月左右。

5. 求偶和配对

绝大部分种类的蛙是通过雄蛙的鸣叫来吸引异性，完成求偶和配对的。雌蛙能准确识别同类雄蛙的鸣叫声，并迅速赶赴鸣叫区，在这里两情相悦的雌雄亲蛙会出现追逐、拥抱行为，接着雄蛙就会跳到雌蛙背部，抱对交配。

6. 产卵

不同种类的蛙由于生活环境和生活习性的差异，具体的产卵时间也有差异。例如，棘胸蛙是在凌晨产卵，而虎纹蛙是在晚上 21：00—23：00 产卵。产卵的场所也不同。例如，美国青蛙和牛蛙都是产在水面上，相互黏成团，在水面漂浮或靠近水面的水草丛间；棘胸蛙则喜欢将卵产在清澈溪流的石块附近，特别喜欢产在山溪中有小石块的回水处或缓流处。

蛙的产卵次数也不一样，有的是一次性产卵，也就是卵巢中的所有卵子几乎同步成熟，然后遇到雄蛙抱对时一次性产完，牛蛙、美国青蛙和中国林蛙就属于这种情况；还有的是多次产卵，就是同一卵巢中的卵发育不同步，因此大小有差异，导致蛙卵分批成熟、分批产卵，棘胸蛙就是属于这种多次产卵类型。当然，蛙的产卵周期与产卵次数是密切相关的，次数越多，它的产卵周

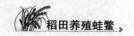

期也就越长。

蛙的产卵数量也是千差万别，最多的一次可产成千上万粒，如牛蛙，一次可产卵 2 万~3 万粒，而林蛙一次可产卵 1500 粒左右。

7. 受精

雌蛙和雄蛙在抱对时，就会同时刺激雌雄蛙的生殖系统，保证精、卵几乎同时排出。蛙类都是在体外受精的，受精率的高低与环境的温度、湿度、酸碱度、溶解氧、雌雄比例都有密切关系。

8. 蛙的发育和变态

受精卵进行细胞分裂的速度很快，胚胎发育也在高速进行，这一切过程人的肉眼是看不见的。在几天内，受精卵就会孵化出小蝌蚪，这个发育的时间与种类差异有关。例如，牛蛙需要 5 天左右就可以孵化出小蝌蚪；中国林蛙需要 7 天的时间才能见到小蝌蚪；而棘胸蛙则需要 10 天左右的时间。胚胎发育过程中影响因素很多，但最主要的还是温度，因此，我们在进行人工繁殖时，一定要做好温度的控制工作。在适宜温度范围内，温度越高，胚胎发育越快，但当温度高达 37 ℃以上或低至 14 ℃以下时，胚胎发育就会停止，有时会发生畸变，甚至直接导致胚胎死亡。

蝌蚪像鱼一样，在水中生长、发育。当蝌蚪逐渐长大时，它要渐渐地适应陆地生活的环境，身体结构也慢慢地发生了变化。例如，尾巴渐渐消失，慢慢地长出四肢，外鳃和内鳃先后慢慢吸收，口部形态也发生变化，皮肤出现了新的颜色和斑纹等。最后蝌蚪变态成了蛙，由完全水中生活转变为以陆地生活为主的两栖生活。

第二章　养殖蛙鳖的稻田与处理

第一节　稻田养殖蛙鳖的前景

一、蛙鳖在稻田中养殖的基础

蛙是一种高蛋白、低脂肪、营养丰富的食品，它的肉质细嫩、味道鲜美，素有"水中人参"之称，适宜各类人群食用。鳖也是一种营养丰富、极具保健功能的名贵水产品。近年来，随着人们生活水平的提高，对蛙鳖的需求量越来越大。但农药大量使用及捕捞强度增大等原因，导致自然界的野生蛙鳖资源越来越少，虽然人工养殖起到了一定的补充作用，但是总的趋势是产量在不断地下降。另外，特种水产的兴起也会捕捉大量的蛙作为饲料。无论是国内市场，还是国外市场，蛙鳖都是供不应求，所以养殖蛙鳖是有利可图的。

利用稻田进行蛙鳖的综合种养，就是通过运用生态经济学原理和稻鱼共生理论，人为构建稻田生态环境，使稻田里既能种植水稻又能养鱼，充分发挥物种间共生互利的作用，促进物质和能量的良性循环，产出绿色或有机水稻和水产品。

稻田综合种养区别于传统稻田养鱼的先进性在于：注重了优质水稻品种与水产品种的选择；注重了稻田田间工程的建造（不仅考虑了水稻和水产品的生产需要，更注重了防洪抗旱、旱涝保收）；注重了以产业化生产方式在稻田中开展水稻与水产生产；注重了物质和能量的循环利用；注重了病虫害的绿色防控；注重

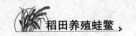

了稻田生态环境的改良和土壤修复；注重了稻田资源可持续利用和良性发展；注重了农产品品质和效益。

我国以稻田养蛙鳖虾蟹为代表的稻田综合种养已经进入产业化时代。稻田种养产业化以"以渔促稻、稳粮增效"为指导原则，以名优特水产品（如蛙鳖等）为主导，以标准化生产、规模化开发、产业化经营和品牌化创建为特征，能在水稻不减产的前提下，大幅提高稻田效益，并减少农药和化肥的使用，是一种具有稳粮、促渔、增收、提质、环境友好、发展可持续等多种生态系统功能的现代循环生态农业模式。

根据多地的生产实践和科研专家的研究结果分析表明：在稻田里养蛙鳖与单纯种粮两者相比，养殖模式效益差别较大。在稻田里养蛙鳖亩成本（稻田的田间工程成本、蛙鳖的苗种成本、饲料成本及其他成本）大于单纯种粮，一般超过单纯种粮的成本1倍左右，最高达到 2.6 倍，但是亩纯收入则是单纯种粮的3～4 倍，最高可达 5.2 倍，效益是非常喜人的。更重要的是，在稻田里养蛙鳖和单纯种粮，在田间管理强度及劳力投入上几乎没有差别，用老百姓的话说，就是捎带手的事，每天多花一根烟的功夫就可以了。

二、稻田养殖蛙鳖的原理

稻田养殖蛙鳖，是利用稻田的浅水环境，辅以人为措施，既种稻又养蛙鳖，以提高稻田单位面积效益的一种生产形式。

稻田养殖蛙鳖共生原理的内涵就是以废补缺、互利共生、化害为利。在稻田养殖蛙鳖实践中人们总结出"稻田养蛙鳖，蛙鳖养水稻"。稻田是一个人为控制的生态系统，稻田养殖蛙鳖，促进了稻田生态系统中能量和物质的良性循环，使其生态系统又有了新的变化。稻田中的杂草、虫子、底栖生物和浮游生物对水稻来说不但是废物，而且是争肥的。如果在稻田里放养鱼、虾、蟹、蛙，特别是像蛙鳖这一类杂食性的动物可以利用这些生物作为饵料，促进蛙鳖的生长，消除了争肥对象，蛙鳖的粪便还为水稻提供了优质肥料。另外，蛙鳖在田间栖息，游动觅食，疏松了土壤，破碎了土表"着生藻类"和氮化层的封固，有效地改善了土壤通气条件，又加速肥料的分解，促进了稻谷生长，同时蛙鳖在水稻田中还有除草保肥和灭虫增肥的作用。

稻田是一个综合生态体系，在水稻种植过程中，人们要对稻田进行施肥、灌溉等生产管理，但是稻田许多营养却被与水稻共生的动、植物等所猎取，造成水肥的浪费；在稻田中放进蛙鳖后，整个体系就发生了变化，因为蛙鳖几乎可以食掉在稻田中消耗养分的所有生物群落，起到生态体系的"截流"作用。这样便减少了稻田肥分的损失和敌害的侵蚀，促进水稻生长，又将废物转换成有经济价值的商品蛙、商品鳖。稻田养蛙鳖是综合利用水稻、蛙鳖的生态特点达到稻蛙鳖共生互利，达到稻和蛙鳖双丰收目的的一种高效立体生态农业，是动植物生产有机结合的典范，是农村种养殖立体开发的有效途径，其经济效益是单作水稻的 2～3 倍。

三、稻田养殖蛙鳖的优势

稻田养殖蛙鳖具有很大的优势，利用稻田养殖蛙鳖，既节约水面，又能获得粮食，具有成本低、管理容易的优点，既增产稻谷，又增产蛙鳖，是农民致富的好措施。

1. 稻田里有适应蛙鳖的生存环境

我们都知道，蛙鳖不但是变温动物，而且还是比较喜欢温水的两栖爬行动物，而稻田的表层温度是非常适宜蛙鳖生长的。另外，鳖喜欢栖息于底层腐裂土质的淤泥表层，喜欢夜间在浅水处觅食，而稻田的水位较浅，底质肥沃，正好满足了这个要求。蛙除了会跳跃外，还可以爬行，且动作和幅度都比鳖大，同样也能适应稻田的环境。

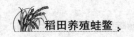

2. 一地多用

利用稻田养殖蛙鳖的原理就是在不破坏稻田原有生态系统及不增加使用水资源的情况下，做到既能保证粮食不减产，又能收获一定数量的蛙鳖等水产品，实现了一水两用、一地双收的效果，直接提高经济效益。

3. 生态效应更加突出

稻田为蛙鳖的摄食、栖息等提供良好的生态环境。蛙鳖在稻田中生活，可直接吃稻田中的多种生物饵料，包括蚯蚓、水蚯蚓、摇蚊幼虫、枝角类、紫背浮萍、田间杂草及部分稻田害虫。即使不投饵饲料，也能获得较好的经济效益，并起到生物防治虫害的部分作用，节省了农药，减少了粮食污染，有利于稻田的生态环境向友好型发展。

4. 提高农田的利用率

在稻田里既种植水稻，又养殖蛙鳖，实现了种养结合，有效地提高了农田利用率。稻田养殖蛙鳖是利用稻田实现种植与养殖相结合的一种新的养殖模式。稻田养殖蛙鳖可以充分利用稻田的空间、温度、水源及饵料优势，促进稻蛙鳖共生互利、丰稻增蛙鳖，大大提高稻田综合经济效益。另外，蛙鳖具有在水底泥中寻找底栖生物的习性，其觅食过程可起到松土作用，从而促进水稻根部微生物活动，使水稻分枝根加速形成，壮根促长。

5. 降本增效明显

利用稻田养蛙鳖，一方面不用另外开辟养殖池，能有效地节地节水，是保护环境、发展经济的可选方式之一；另一方面水稻能吸取蛙鳖的排泄物补充其所需肥料，起追肥作用，有利于生长，可以减少农户对稻田的农药、肥料的投入，降低成本。

6. 其他优势

一是成蛙和鳖在稻田浅水中上下游动或爬行，能促进水层对流、物质交换，特别是能增加底层水的溶氧量。二是蛙鳖新陈代谢所产生的二氧化碳，是水稻进行光合作用不可缺少的营养物，是有效、合理的生态循环。

四、稻田养殖蛙鳖的优点

1. 激发了广大农民的种粮积极性，保障了粮食安全

首先是不与粮争地：稻田养殖蛙鳖的田间工程只在稻田内开挖宽 3 米左右、深 1.5 米左右的环沟，约占 8% 稻田面积。通过连片开发、稻田小改大，减少了田埂道路，又增加了稻田面积，环沟占比可减少 3% ~5%，加上环沟周边的水稻具有边行优势，采用边行密植后，基本不会挤占种粮的空间。

其次是提高了粮食单产：由于在稻田里养殖蛙鳖是充分利用了物种间共生互利的优势，改善了稻田生态环境，把植物和动物、种植业和养殖业有机结合起来，更好地保持农田生态系统物质和能量的良性循环，实现稻和蛙鳖双丰收。加上蛙鳖在田间吃食害虫、清除杂草、和泥通风、排泄物增肥，使水稻得到更健康的发育生长。通过连续 3 年测产验收结果表明，稻田综合种养的稻谷单产较单一种植水稻可提高 5% ~10%。

再次就是提高了粮食品质和效益：通过稻田种养新技术的实施，在同一块稻田中既能种稻又能养蛙鳖，化肥和农药大量减少，而蛙鳖的粪便可以使土壤增肥，减少化肥的施用，而有机肥和微生物制剂的使用促进了土壤的恢复，提高了综合生产能力。根据研究和试验，稻田中实施养殖蛙鳖后，稻田生境得到很大的改良和修复，免耕稻田应用养蛙鳖技术基本不用药，每亩（1 亩约等于 667 平方米）化肥施用量仅为正常种植水稻的 1/5 左右。因此，生产的粮食品质得到很大提高，大米的售价从 4 元/千克左右提高到 20 ~80 元/千克，种粮的效益大幅提高，稻田的综合效益比单一种稻提高了 2 ~10 倍。

最后就是激发了农民的种粮积极性：由于在稻田养殖蛙鳖

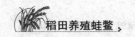

时，稻田的粮食产量稳中有升，稻谷单价也有所提高，加上养殖蛙鳖的收益，农民收入大幅增加，因此大大激发了农民的种粮积极性。以前无人问津的冷浸田、抛荒田，现在流转价格每亩达到七八百元，许多地方出现了"一田难求"的局面。据相关统计资料表明，仅湖北省就有 206 万亩抛荒田、低湖田、低洼田、冷浸田得到开发利用。

2. 环境特殊，减少养殖病害

稻田属于浅水环境，浅水期水深仅 7 厘米水，深水时也不过 20 厘米左右，因而水温变化较大。为了保持水温的相对稳定，鱼沟、鱼溜等田间设施是必须要做的工程之一，通过加高、加固田埂，开挖沟凼，大大增加了稻田的蓄水能力，有利于防洪抗旱。另外，稻田水中溶解氧充足，经常保持在 4.5 ~ 5.5 毫克/升，且水经常流动交换，放养密度又低，所以养殖病害较少。

3. 蛙鳖养殖新思路

稻田养殖蛙鳖的模式为淡水养殖增加了新的水域，它不需要占用现有养殖水面，可以充分利用稻田的空间和时间来达到增产、增效的目的，开辟了蛙鳖养殖生产的新途径和新水域。例如，安徽、浙江、湖北的利用稻田养鳖的模式，利用春末稻田还未插秧前的空闲期，以及收割水稻后且鳖未冬眠有捕食能力的时候，蓄水养鳖，部分水稻秸秆可作为鳖的饲料，并投喂颗粒饲料或野杂鱼、冰鲜鱼等优质饲料，有利于土壤肥力的恢复，鳖打洞或钻泥越冬等活动还促进了施肥的均质化，对促进稻田的可持续利用具有重要意义。

4. 保护生态环境，改良农村环境卫生

第一，减少疾病发生的几率：稻田是蚊子、钉螺等有害生物的滋生地，在稻田养殖鳖、蟹、虾、鱼、蛙的生产实践中发现，稻田中养殖的水生生物可以大量消灭这些有害生物，尤其是蛙特别喜食并消灭那些活动中的水稻虫害；而养殖生产的实践也表

明，稻田里及附近的摇蚊幼虫密度明显地降低，最多可下降50%左右，成蚊密度也会下降15%左右，从而减少了疟疾、血吸虫病等重大传染病的发生，以及有效地控制水稻虫害的发生，有利于提高人们的健康水平。

第二，减少化学药物的使用量与使用频率：由于蛙鳖的活动，基本上能控制田间杂草的生长，可以不使用化学除草剂。

第三，减少农药的使用量与使用频率：蛙鳖等水产生物对农药十分敏感，利用稻田养殖蛙鳖后，由于蛙鳖都能捕食稻田里的害虫作为食物，因此基本上不用或少用农药，而且即使使用农药也是低毒的，否则蛙鳖自身就无法生存，这样一来就限制或大幅减少了农药的使用。据统计，全国10省（区）示范区减少农药使用量10%~100%不等，平均减少48.4%，大大降低了农业的面源污染。

第四，大大减少了化肥的使用：以有机肥料作为基肥，以水产生物的粪便作为追肥，从而大大减少了化肥的使用。全国10省（区）示范区减少化肥使用量30%~100%不等，平均减少62.9%。浙江大学陈欣等研究了稻田综合种养条件下农药和化肥依赖低的生态机制。以稻鱼系统为例，对稻田养殖系统降低农药和化肥的原因进行了研究。结果显示，6年研究中，每年的水稻单作和稻鱼共作的水稻产量均没有显著差异，但是稻鱼共作的水稻产量时间稳定性比水稻单作高，且水稻单作的农药和化肥使用量分别比稻鱼共作多68%和24%。田间试验没有施用农药，稻鱼共作中水稻产量和产量时间稳定性都显著高于水稻单作系统。进一步的田间试验发现，稻鱼系统中，水稻害虫稻飞虱（包括褐飞虱、白背飞虱和灰飞虱）密度下降，尤其是在稻飞虱爆发的年份。此外，纹枯病的发病率和杂草密度也大大降低。稻鱼系统中由于鱼的取食活动，降低了病虫草害的发生概率，是稻鱼系统农药降低的主要原因。田间试验也表明，水稻和水产生物之间对元

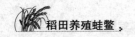

素源的互补利用是稻田养殖化肥减少的重要原因。如稻鱼系统中，水稻利用了饲料中未被鱼利用的氮，减少了鱼饲料氮在环境中（即土壤和水体中）的积累。比较投喂饲料和不投喂饲料条件下稻鱼系统的研究发现，稻鱼系统中水稻籽粒和秸秆中31.8%的氮来自鱼饲料，稻鱼共作和鱼单作各自鱼体内氮总量的差值表明化肥中2.1%的氮进入了鱼的体内。

第五，保护生态环境：一方面水产动物活动，以及水产养殖中有机肥、饲料、微生物制剂的使用，提高了土壤中有机质含量，减少化肥使用的同时防止了土壤板结化；另一方面通过加高、加固田埂，开挖沟凼，大大增加了稻田蓄水能力，有利于防洪抗旱，对稻田周围的生态环境起到一定的保护作用。

第六，对促进减排有重要意义：研究表明，在稻田里养殖蛙鳖，还可以实现秸秆还田、减少甲烷等温室气体排放的作用，因此，科学实施稻田养殖蛙鳖对改善农业生态环境、促进减排等有重要作用。

第七，生态效益明显：从全国各地开展的稻田养殖蛙鳖实施效果看，在水稻稳产甚至增产的情况下，能提高稻田综合效益50%以上，减少农药和化肥使用30%以上，同时，还可以减少稻田中病虫草害的发生，提高地力水平和生产能力，改善农村生态环境，提高稻田可持续利用水平。

5. 增加农民收入

通过调整稻田养殖品种结构，发展高价值水产品，如蛙鳖的养殖，仅蛙鳖等水产品的收入就达到了2000多元。有的地方把稻田综合种养与土地流转相结合，扩大了生产经营规模，促进了土地流转，提高了农业规模化水平。生产成本降低，稻田的综合经济效益大幅提高，促进了农民收入的提高。经过全国多个地方尤其是安徽省稻田养殖蛙的实验，再经过全国各地大面积的示范推广表明，利用稻田养殖蛙，改善了稻田的生态条件，促进了水稻有效穗和结实率的提高，水稻的平均产量不但没有下降，还会提高10%~20%。同时每亩地还能收获相当数量的蛙，相对地降低了农业成本，增加了农民的实际收入，平均亩增纯利润达1500元以上。例如，浙江省的稻鳖模式平均每亩新增产值9478.40元，新增成本2775.00元，新增利润6703.40元；稻蛙模式平均每亩新增产值5354.68元，新增成本1331.56元，新增利润4023.12元。

稻田养殖蛙鳖助推农民增收致富，实现了精准扶贫。由于稻田养殖蛙鳖的比较效益突出，已成为湖北、安徽等地农业精准扶贫和农民增收致富的重要途径。

6. 从源头上确保农产品质量安全

稻田养殖蛙鳖是充分利用了物质循环原理，采用生物防治与物理防治相结合的绿色防控技术，减少了化肥和化学农药的使用，有效控制了面源污染。鳖、虾、蛙、鱼在冬、春两季利用水稻的秸秆作为饵料，并将其转化成有机肥料，实现了秸秆自然还田。同时还可以疏松水稻根系土壤，其排泄物作为水稻的有机肥料，有效改良了土壤结构，提高了水稻产量和品质。而稻田生态系统为蛙鳖等水产动物提供了良好的栖息环境，水草、有机质、昆虫、底栖生物又可作为蛙鳖等水产动物的天然饵料，实现物质的循环利用、动植物的和谐共生。生产的蛙鳖等水产品、稻米均为绿色食品或有机食品，确保了"舌尖上的安全"。

7. 推进农业现代化的进程

党的十七大就提出了土地流转问题，而且中央明确规定，土地流转后，其功能不能变，即原来的基本粮田流转后，必须要种粮食。利用稻田养殖蛙鳖的核心就是"粮食不减产，效益翻几番"，这就为土地流转创造了良好条件。只有通过土地流转，将分散的土地集中起来，将农民联合起来，实行区域化布局、规模化开发、标准化生产、产业化经营、专业化管理、社会化服务，

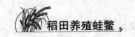

才能不断提高稻田的综合生产能力，这才属于农业现代化的范畴。我们可以通过稻田养殖蛙鳖等模式，推进土地规模流转，带动当地农民种稻养蛙鳖致富、迁村腾地建镇，实现了地增多、粮增产、田增效，农民增收、集体增利、经营主体增效，使农村变成了新城镇、农民转为了新市民，实现了传统农业向现代化农业的跨越。

五、养殖蛙鳖稻田的生态条件

养殖蛙鳖的稻田为了夺取高产，获得稻和蛙鳖双丰收，需要一定的生态条件作保证。根据稻田养殖蛙鳖的原理，我们认为养殖蛙鳖的稻田应具备以下几个生态条件。

（1）水温要适宜

一方面稻田水浅，一般水温受气温影响很大，有昼夜和季节变化，因此稻田里的水温比池塘的水温更易受环境的影响。另一方面蛙鳖都是变温动物，它的新陈代谢强度直接受到水温的影响，所以稻田水温将直接影响稻和蛙鳖的生长。为了获取稻和蛙鳖的双丰收，必须为它们提供合适的水温条件。

（2）光照要充足

光照不但是水稻和稻田中一些植物进行光合作用的能量来源，也是蛙鳖生长发育所必需的。因此可以这样说，光照条件直接影响稻和蛙鳖的产量。每年的6—7月，秧苗很小，因此阳光可直接照射到田面上，促使稻田水温升高，浮游生物迅速繁殖，为蛙鳖生长提供了饵料。水稻生长至中后期时，也是温度最高的季节，此时稻禾茂密，正好可以用来为幼小的蛙鳖遮阴、躲藏，有利于蛙鳖的生长发育。

（3）水源要充足

水稻在生长期间是离不开水的，而蛙鳖的生长虽然可以短时间内离开水，但总的来说，它们都是离不开水的。为了保持新鲜的水质，水源的供应一定要及时充足，可采取以下 3 种方法：一是将养殖蛙鳖的稻田选择在不会断流的小河、小溪旁；二是可以在稻田旁边人工挖掘机井，可随时充水；三是将稻田选择在池塘边，利用池塘水来保证水源。如果水源不充足或得不到保障，那是万万不可养殖蛙鳖的。

（4）溶氧要充分

稻田水中溶解氧的来源主要是大气中的氧气溶入和水稻及一些浮游植物的光合作用，因而氧气是非常充分的。研究表明，水体中的溶氧量越高，蛙鳖的摄食量就越多，生长也越快。因此，长时间地维持稻田养殖蛙鳖水体较高的溶氧量，可以增加蛙鳖的产量。

要使养殖蛙鳖的稻田能长时间保持较高的溶氧量，一是适当加大养殖蛙鳖水体，主要技术措施是通过挖鱼沟、鱼溜和环沟来实现，面积可占整块稻田的 8%～10%；二是尽可能地创造条件，保持微流水环境；三是经常换冲水；四是及时清除田中蛙鳖未吃完的剩饵料，尤其是投喂鳖的冰鲜鱼饵料，当然对于其他生物尸体等有机物质也要及时清理，以防因其腐败而导致水质恶化。

（5）天然饵料要丰富

一般稻田由于水浅、温度高、光照充足、溶氧量高，适宜水生植物生长，植物的有机碎屑又为底栖生物、水生昆虫和昆虫幼虫的繁殖生长创造了条件，从而为稻田中的蛙鳖提供较为丰富的天然饵料，有利于蛙鳖的生长。

六、稻田养殖蛙鳖的模式

根据生产的需要和各地的经验，稻田养殖蛙鳖的模式可以归类为 3 种类型。

一是水稻和蛙鳖兼作型：也就是我们通常所说的水稻和蛙鳖

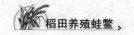

同养型，就是边种稻边养蛙鳖，做到水稻和蛙鳖两不误，力争双丰收。水稻田翻耕、晒田后，在鱼溜底部铺上有机肥作基肥，主要用来培养生物饵料供蛙鳖摄食，然后整田。蛙鳖种苗一般在插完稻秧后放养，单季稻田最好在第一次除草以后放养，双季稻田最好在第二季稻秧插完后放养。

单季稻养殖蛙鳖，顾名思义就是在一季稻田中养殖蛙鳖，单季稻主要是中稻田，也有用早稻田养殖蛙鳖的；双季稻养殖蛙鳖，顾名思义就是在同一稻田连种两季水稻，蛙鳖也在这两季稻田中连养，不需转养。双季稻就是用早稻和晚稻连种，这样可以有效利用一早一晚的光合作用，促进稻谷成熟。

无论是单季稻还是双季稻，它们有一点是相同的，就是在稻子收割后稻草最好还田。一方面可以为蛙鳖提供隐蔽的场所，另一方面稻草在腐烂的过程中还可以培育出大量天然饵料。这种模式是利用稻田的浅水环境，同时种稻和养殖蛙鳖，既可以投喂饵料，产量和效益就会更高，又不用给蛙鳖投喂饲料，让蛙鳖摄食稻田中的天然食物，它不影响水稻的产量，每亩可增产100千克左右的蛙和25千克左右的鳖。

二是水稻和蛙鳖轮作型：也就是先种一季水稻，待水稻收割后晒田4~5天，施好有机肥培肥水质后，再暴晒4~5天，蓄水到40厘米深，然后投放蛙鳖种苗，轮养下一茬的蛙鳖，待蛙鳖养成捕捞后，再开始下一个水稻生产周期。要注意的是由于养殖周期及蛙鳖的冬眠习性，蛙鳖的种苗投放规模宜大一点，确保蛙鳖在水稻收获后能快速养殖1个月左右的时间，到来年冬眠期后再养殖2个月左右。如果是蛙，此时就可以达到商品蛙上市的标准，接着就可以种植水稻了。如果放养的是鳖，则建议在稻田里自然养殖2个越冬期，这样的个头也大，口感也好，市场认知度高，第2年正常种植水稻。这样就做到动植物双方轮流种养殖，其优点是利用本地光照时间长的优势，当早稻收割后，可以加深水位，人为形成一个深浅适宜的"稻田型池塘"，有利于保持稻田养殖蛙鳖的生态环境。另外，稻子收割后稻草最好还田，让其在稻田慢慢腐败，可以培养大量的浮游生物，确保蛙鳖有更充足的养料，稻草还可以为蛙鳖提供隐蔽的场所。

七、影响稻田养殖蛙鳖产量和效益的因素

影响稻田养殖蛙鳖产量和效益的因素主要有以下几种，养殖户在养殖时一定要注意，力求避免这些不利影响。

一是蛙鳖苗种的质量影响效益。质量差的蛙鳖苗种，一般不外乎以下几种情况：亲本蛙鳖培育得不好或近亲繁殖的蛙鳖苗；蛙鳖苗种繁殖场的孵化条件差，孵化用具不洁净，产出的蛙鳖苗带有较多病原体（如病菌、寄生虫等）或受到重金属污染；高温季节繁殖的苗种体质太嫩，导致质量较差；经过几次"包装、发运、放田"折腾的蛙鳖苗。我们在进行蛙鳖养殖时要注意，尽可能避开这些风险。

二是养殖蛙鳖的稻田条件不好。具体表现为：单块稻田的面积太大且中间没有开挖田间沟；稻田不平整，一边田头沟里的水体过深，而另一边田头沟却没有水；因长年用于稻田养殖却没有对田埂进行维修，或田间沟里的淤泥深厚等，导致稻田漏水、缺肥，水体中的饵料生物培育不好，蛙鳖的生长不好、发育不良。

三是养殖蛙鳖的稻田中残留毒性大，对蛙鳖的身体造成损伤，甚至导致蛙鳖大面积死亡。稻田中毒性存在的原因是：清整时的药力尚未完全消失就放入苗种；施用了过量的没有腐熟或腐熟不彻底的有机肥作基肥，长期在这种水体中生活的蛙鳖也会中毒；添加了其他用过农药的农田里的水源；稻谷在收割后，稻桩处理不当，在短时间内迅速腐败，导致稻田里的亚硝酸盐及其他一些中性物质急剧上升。

四是养蛙鳖的稻田中敌害生物太多，造成小蛙幼鳖被大量捕

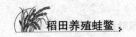

食，导致蛙鳖的成活率极低，产量也就极低。敌害生物太多也是有原因的。例如，稻田的田间沟没有清整消毒，或清整消毒不彻底，或使用了已经失效的药物，或在注水时混进了野杂鱼的卵、苗、龙虾等敌害生物。

八、以蛙鳖为代表的稻田综合种养的发展趋势

近10年来，在全国各地各级渔业主管部门的大力推动下，在各地水产技术推广机构和广大农民的共同努力下，以蛙鳖为代表的稻田综合种养得到快速、健康发展，实现了"一水两用、一田双收、稳粮增效、粮渔双赢"。同时，还拓展了水产业的发展空间，推动了大农业转型升级、提质增效，保障了粮食安全、食品安全和生态安全。

特别是近3年，各地把稻田综合种养作为农业转方式、调结构的重要抓手强力推进，各级财政安排专项资金予以扶持，通过规划引领、政府引导、市场主导、企业与合作社带动、农民主体、试验示范、强力推广、典型引路、部门联动，因地制宜，稳步推进。例如，2016年，安徽省稻田综合种养面积突破100万亩，生产优质稻谷60万吨，有机水产品10万吨，为农民创收近40亿元。

以蛙鳖为代表的稻田综合种养未来的发展趋势主要表现在三个方面：一是由单一种养模式向复合种养模式发展，如虾蛙稻、虾蟹稻、鳖虾鱼稻、蟹蛙稻、稻虾稻、稻蛙稻等多种发展方向；二是由稻田综合种养向稻渔生态种养发展，具体体现在农药和化肥使用的大幅减少，稻田生境已逐步得到修复，种养技术正日趋成熟，如鳖虾鱼稻技术已能完全做到"全年候生产，全生态种养"；三是由行业行为向地方政府行为和国家战略发展，这是由稻田综合种养具有国土整治、土壤修复、高标准农田建设、土地流转、新型经营主体培育、粮食安全和农业现代化的优势地位所

决定的。

各地的实践证明，发展以蛙鳖为代表的稻田综合种养，既保障了"米袋子"，又丰富了"菜篮子"，既鼓起了"钱袋子"，又确保了"舌尖上的安全"，还有效地破解了"谁来种地"和"如何种好地"的难题，是一条"催生农业现代化、保护农业环境和生态"的现代农业发展之路。稻田综合种养，技术成熟且容易掌握，可以说一看就懂、一学就会、一用就灵，值得大力推广应用。

第二节　科学选择稻田

良好的稻田条件是获得高产、优质、高效的关键之一。稻田是蛙鳖的生活场所，是它们栖息、生长、繁殖的环境，许多增产措施都是通过稻田水环境作用于蛙鳖，所以说稻田环境条件的优劣，对于蛙鳖的生存、生长和发育，有着密切的影响。良好的环境不仅直接关系到蛙鳖产量的高低，而且关系到从事稻田养殖蛙鳖的生产者，能否获得较高的经济效益，同时对稻田综合种养长久的发展有着深远的影响。

总体来说，养殖蛙鳖的稻田，既不能受到污染，又不能污染环境，还要方便生产经营，要交通便利且具备良好的疾病防治条件。在场址的选择上，重点要考虑包括稻田位置、形状、面积、地势、土质、水源、水深、防疫、交通、电源、周围环境、排污与环保等诸多方面，需要周密计划、事先勘察。在可能的条件下，应采取措施，改造稻田，创造适宜的环境条件以提高稻田里水稻和蛙鳖产量。

一、自然条件

养殖蛙鳖的稻田要符合一定的环境条件，不是所有的稻田都

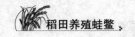

能养殖蛙鳖。因此，在规划设计时，要充分勘察、了解、规划建设区的地形、水利等条件，有条件的地区可以充分考虑利用地势自流进排水，以节约动力提水所增加的电力成本。同时，还应考虑洪涝、台风等灾害因素的影响，对连片稻田的进排水渠道、田埂、房屋等建筑物，应注意考虑排涝、防风等问题。

二、水源要求

水源是养殖蛙鳖的先决条件之一。蛙鳖适应性强，既能在水中生活，又能在陆地上短时间生活，因此，只要是无污染的江、河、湖、库、井水及自来水均可用来养殖蛙鳖。在选水源的时候，供水量一定要充足，不能缺水，包括蛙鳖的养殖用水、水稻生长用水及工人生活用水，确保雨季水多不漫田、旱季水少不干涸、排灌方便、无有毒污水和低温冷浸水流入；另外，水源不能有污染，水质良好、清新，要符合饮用水标准。在养殖之前，一定要先观察养殖场周边的环境，不要建在化工厂附近，也不要建在有工业污水注入区的附近，因为这些污染物极有可能造成蛙鳖的大量死亡。

水源分为地面水源和地下水源，无论是采用那种水源，一般应选择在水量丰足、水质良好的水稻生产区进行养殖。如果采用河水或水库水等地表水作为养殖水源，要考虑设置防止野生鱼类及其他敌害生物进入的设施，以及周边水环境污染可能带来的影响，还要考虑水的质量，一般要经严格消毒以后才能使用。如果没有自来水水源，则应考虑打深井取地下水作为水源，因为在8~10米的深处，细菌和有机物相对减少。要考虑供水量是否满足养殖需求，一般要求在10天左右能够把稻田注满且能循环用水一遍，因此要求农田水利工程设施要配套，有一定的灌排条件。

三、土质要求

稻田的土壤与水直接接触，对水质的影响很大。在养殖前，要充分调查了解当地的地质、土壤、土质状况。具体要求：一是场地土壤以往未被传染病或寄生虫病原体污染过；二是具有较好的保水、保肥、保温能力，还要有利于浮游生物的培育和增殖。不同的土壤和土质对养殖蛙鳖的建设成本和养殖效果影响很大。

根据生产的经验，养殖蛙鳖的稻田的土质要肥沃，有腐殖质丰富的淤泥层，以弱碱性、高度熟化的壤土最好，黏土次之，沙土最劣。由于黏性土壤的保持力和保水力强、渗漏力小、渗漏速度慢、干涸后不板结，因此这种稻田是可以用来养殖蛙鳖的。而矿质土壤、盐碱土及渗水漏水、土质瘠薄的稻田均不宜养殖蛙鳖。沙质土或含腐殖质较多的土壤，保水力差，在进行田间工程尤其是做田埂时容易渗漏、崩塌，不宜选用。

四、面积和田块要求

选作养殖蛙鳖的稻田面积不宜过大，一般为 3～5 亩，最大不宜超过 15 亩，通常选择低洼田、塘田、岔沟田为宜。插秧前稻田水深保持在 20 厘米以上。为了保证养殖蛙鳖的稻田达到一定的水位，防止田埂渗漏，增加蛙鳖包括蝌蚪活动的立体空间，就必须加高、加宽、加固田埂。要求田埂比较厚实，一般比稻田平面高出 0.5～1 米，埂面宽 2 米左右，并敲打结实，堵塞漏洞；要求做到不裂、不漏、不垮，在满水时不能崩塌，导致蛙鳖逃跑，同时可提高蓄水能力；还要求田面平整，稻田周围没有高大树木，建立配套的桥涵闸站，通水、通电、通路。

五、布局要求

根据养殖稻田面积的大小进行合理布局。

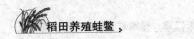

养殖面积略小的稻田，只需在稻田四周开挖环形沟就可以了。水草要参差不齐、错落有致，以沉水植物为主，兼顾漂浮植物。

如果养殖面积较大，要设立不同的功能区。通常在稻田4个角落设立漂浮植物暂养区，在环形沟部分种植沉水植物和挺水植物，田间沟部分则全部种植沉水植物。

六、交通运输条件

交通便利主要是考虑运输的方便，如饲料、养殖设备材料、蛙鳖种苗及商品蛙鳖的运输等。如果养殖蛙鳖的稻田的位置太偏僻且交通不便，不仅不利于养殖户自己的运输，还会影响客户的来往。另外，养殖蛙鳖的稻田最好靠近饲料的来源地区，尤其是天然动物性饲料来源地一定要优先考虑。

第三节　稻田的田间工程建设

一、开挖田间沟

这是科学养殖蛙鳖的重要技术措施。稻田水位较浅，夏季高温对蛙鳖的影响较大，尤其是对蝌蚪的影响最大，因此，必须在稻田四周开挖环形沟。在保证水稻不减产的前提下，应尽可能地扩大鱼沟和鱼溜面积，最大限度地满足蛙鳖的生长需求。鱼沟的位置、形状、数量、大小应根据稻田的自然地形和稻田面积来确定。一般来说，面积比较小的稻田，只须在田头四周开挖一条鱼沟即可；面积比较大的稻田，可每隔50米左右在稻田中央多开挖几条鱼沟。当然周边沟要宽些，田中沟可以窄些。

稻田养殖蛙鳖时，需要在稻田里开挖一些田间沟。根据生产实践，目前使用比较广泛的田间沟有沟溜式、宽沟式、田塘式、垄稻沟鱼式、流水沟式和回形沟式等。

1. 沟溜式田间沟

沟溜式的开挖形式有多种，先在田块四周内外挖一套围沟，其宽 5 米，深 1 米，位置离田埂 1 米左右，以免田埂塌方堵塞鱼沟，沟上口宽 3 米，下口宽 1.5 米。然后在田内开挖多条"田""十""日""弓""井"字或"川"字形水沟，鱼沟宽 60～80 厘米，深 20～30 厘米，在鱼沟交叉处挖 1～2 个鱼溜，鱼溜开挖成方形、圆形均可，面积 1～4 平方米，深 40～50 厘米。鱼溜形状有长方形、正方形和圆形等，总面积占稻田总面积的 5%～10%。鱼溜的作用是：当水温太高或偏低时，作为蛙鳖避暑防寒的场所；在水稻晒田、喷农药、施肥及夏季高温时，为蛙鳖提供隐蔽、遮阴、栖息的场所；同时，鱼溜在起捕时便于集中捕捉，也可作为暂养池（图 2－1）。

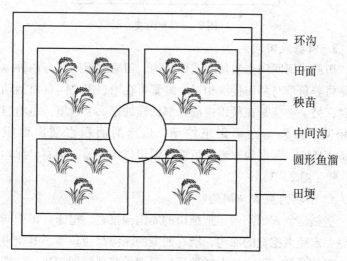

环沟

田面

秧苗

中间沟

圆形鱼溜

田埂

图 2－1　沟溜式

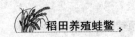
2. 宽沟式田间沟

宽沟式田间沟类似于沟溜式，就是在稻田进水口的一侧田埂的内侧方向，开挖一条深1.2米、宽2.5米的宽沟，面积约为稻田总面积的7%。宽沟的内埂要高出水面25厘米左右，每隔5米开挖一个宽40厘米的缺口与稻田相连通，目的是保证蛙鳖能在宽沟和稻田之间顺利且自由地进出。当然了，在春耕前或插秧期间，可以让蛙鳖在宽沟内暂养，待秧苗返青后再让蛙鳖进入稻田里活动、觅食（图2-2）。

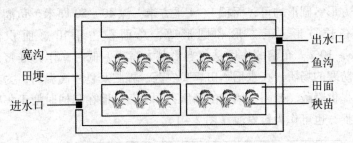

图2-2 宽沟式

3. 田塘式田间沟

田塘式田间沟也叫鱼凼式田间沟。田塘式田间沟有两种，一种是将养鱼塘与稻田接壤相通，蛙鳖可在塘、田之间自由活动和吃食；另一种就是在稻田内或外部低洼处挖一个鱼塘，鱼塘与稻田相通。如果是在稻田里挖塘，鱼塘的面积占稻田面积的10%～15%，深度为1米。鱼塘与稻田以沟相通，沟宽、深均为0.5米（图2-3）。

4. 垄稻沟鱼式田间沟

垄稻沟鱼式田间沟是把稻田的周围沟挖宽、挖深，田中间也间隔一定距离挖宽的深沟，所有的宽的深沟都通鱼溜，蛙鳖可在田中四处活动、觅食。在插秧后，可把秧苗移栽到沟边。沟四周栽上占地面积约1/4的水花生，作为蛙鳖栖息场所（图2-4）。

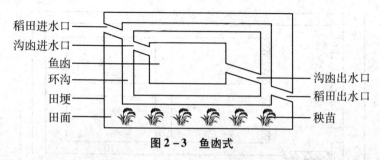

稻田进水口
沟凼进水口
鱼凼
环沟
田埂
田面
沟凼出水口
稻田出水口
秧苗

图2-3 鱼凼式

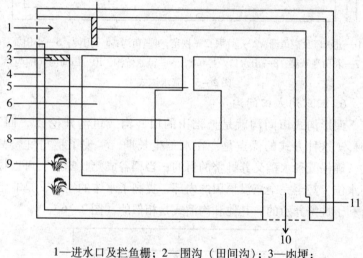

1—进水口及拦鱼栅；2—围沟（田间沟）；3—凼埂；

4—田埂；5—垄沟；6—垄面；7—田中鱼凼；8—垄面；

9—秧苗；10—出水口及拦鱼栅；11—田角鱼凼

图2-4 垄稻沟鱼式

5. 流水沟式田间沟

流水沟式田间沟是在稻田的一侧开挖占总面积3%～5%的鱼溜。接连溜顺着田开挖水沟，围绕稻田一周，将鱼溜另一端沟与鱼溜接壤，田中间隔一定距离开挖数条水沟，均与围沟相通，形成一个活的循环水体，对田中的水稻和蛙鳖的生长都有很大的促进作用（图2-5）。

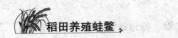

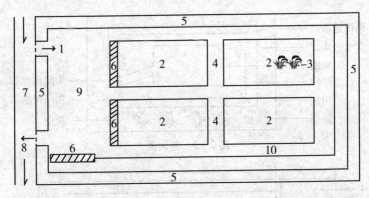

1—进水口及拦鱼栅；2—垄面；3—秧苗；4—鱼沟；5—田埂；6—小田埂；
7—农田灌溉渠；8—出水口及拦鱼栅；9—流水坑沟；10—田间沟（围沟）

图 2-5　流水沟式

6. 回形沟式田间沟

回形沟式田间沟就是把稻田的田间沟或鱼沟开挖成"回"字形。这种方式的优点是：在水稻生长期，实现了稻与蛙鳖共生，确保既种水稻又养蛙鳖的目的；当稻谷成熟收割后，可以提高水位，甚至完全淹没稻田的内部，提高了水体的空间，是非常有利于蛙鳖养殖的。其他和沟溜式是相似的（图 2-6）。

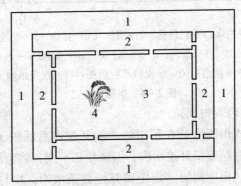

1—田埂；2—围沟；3—分块的稻田田面；4—秧苗

图 2-6　回形沟式

二、加高、加固田埂

为了保证养殖蛙鳖的稻田达到一定的水位，防止田埂渗漏，增加蛙鳖活动的立体空间，有利于蛙鳖的养殖，提高它们的产量，就必须加高、加宽、加固田埂。可将开挖环形沟的泥土垒在田埂上并夯实，确保田埂高 1.0~1.2 米，宽 1.5~2 米，要求做到不裂、不漏、不垮，在满水时不能崩塌跑鱼。如果条件许可，可以在防逃网的内侧种植一些黑麦草、南瓜、黄豆等植物，即可以为周边沟遮阴，又可以利用其根系达到护坡的目的。

三、规划建设好进排水系统

进排水系统是养殖蛙鳖稻田非常重要的组成部分，进排水系统规划建设的好坏直接影响到蛙鳖养殖的生产效率和经济效益。进排水渠道一般是利用稻田四周的沟渠建设而成，对于大面积连片养殖稻田的进排水总渠，在规划建设时应做到进排水渠道独立，严禁进排水交叉污染，防止蛙鳖疾病传播。设计规划连片稻田进排水系统时，还应充分考虑稻田养殖区的具体地形条件，尽可能采取一级动力取水或排水，合理利用地势条件设计进排水自流形式，降低养殖成本。可采取高灌低排的格局，建好进排水渠，做到灌得进、排得出，定期对进排水总渠进行整修、消毒。稻田的进排水口应用双层密网防逃，同时也能有效防止蛙卵、野杂鱼卵及幼体进入稻田危害蛙的幼苗、蝌蚪和幼鳖；为了防止夏天雨季冲毁田埂，可以开设一个溢水口，溢水口也用双层密网过滤，防止蝌蚪和鳖趁机顶水逃走。

四、做好防逃措施

一是搞好进排水系统。稻田的进排水口尽可能设在相对应的田埂两端，便于水均匀、畅通地流经整块稻田。在进排水口处安

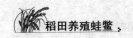

装坚固的拦鱼栅，拦鱼栅可用铁丝网、竹条、柳条等材料制成。拦鱼栅应安装成圆弧形，凸面正对水流方向，即进水口弧形凸面面向稻田外部，排水口则相反。拦鱼栅孔大小以不阻水、不逃鱼为标准，并用密眼铁丝网罩好，以防蛙鳖逃跑。

二是由于蛙具有很强的跳跃能力，因此稻田四周最好构筑1.5 米左右的防逃设施。先将稻田田埂加宽至 1 米，高出水面0.5 米以上；再用高 1.8 米的网做成防逃设施，要求将网插入泥中 20 厘米左右且围护在田埂四周，每隔 1 米用木桩固定；最后在网的最上面用农用薄膜或塑料布缝好，可以有效地防止蛙跳跃逃走，对鳖的防逃也有效。这种设施造价低，防逃效果好。

第四节　放养前的准备工作

一、稻田清整

1. 清整的好处

稻田是蛙鳖生活的地方，稻田的环境条件直接影响到蛙鳖的生长、发育，可以这样说，稻田清整是改善蛙鳖养殖环境的一项重要工作。对稻田进行清整，从养殖的角度来看，有 5 个好处：

一是提高水体溶解氧：稻田经 1 年的养殖后，环沟底部沉积了大量淤泥，一般每年沉积 10 厘米左右。如果不及时清整，淤泥越积越厚。淤泥过多，会造成水中有机质增多，大量的有机质经细菌作用氧化分解，消耗大量的溶解氧，使稻田下层水处于缺氧状态。在田间沟清整时把过量的淤泥清理出去，减轻了稻田底泥的有机质耗氧量，也就提高了水体的溶解氧。

二是减少蛙鳖得病的机会：淤泥里存在各种病菌，另外，淤泥过多也易使水质变坏、水体酸性增加，病菌容易大量繁殖，使蛙鳖的抵抗力减弱。通过清整田间沟能杀灭水中和底泥中的各种病原菌、细菌、寄生虫等，减少蛙鳖疾病的发生概率。

三是杀灭有害物质：通过对稻田田间沟的清淤，可以杀灭对蛙鳖尤其是蝌蚪和幼鳖有害的生物，如蛇、鼠和水生昆虫，吞食蝌蚪的野杂鱼类，如鲶鱼、乌鳢等，以及一些致病菌。

四是起到加固田埂的作用：养殖时间长的稻田，由于鳖的打洞有的田埂被掏空，有的田埂出现崩塌现象。在清整环沟的同时，可以将底部的淤泥挖起放在田埂上，拍打紧实，可以加固田埂。

五是增大了蓄水量：当沉积在环沟底部的淤泥得到清整后，环沟的容积就扩大了，水深也增加了，稻田的蓄水量也就增加了。

2. 清整的方法

一是对已养蛙鳖稻田的曝晒：对于多年使用的稻田，尤其是田间沟，阳光的曝晒是非常重要的，一般可利用冬闲时进行曝晒。先将田间沟里的水抽干，查洞堵漏，疏通进排水管道，翻耕底部淤泥，将田间沟的底部晒成龟背状，对于消灭稻田的有害微生物有很大的好处。

二是及时挖出底层淤泥：对于那些多年进行蛙鳖养殖的稻田来说，在幼蛙和幼鳖入田之前，必须要清除田间沟底层过多的淤泥。因为过多的淤泥会淤积很多动物粪便和剩余的饲料，是病菌、微生物生存的栖息地，而蛙鳖又有钻泥的习惯，喜欢在稻田的底部活动，不做好清淤工作会影响蛙鳖的健康成长。一般情况下，用铁锨挖起底部过多的淤泥，集中在一起，然后用小车推到远离稻田的地方处理，也可以用来加固田埂。同时，也要对田埂进行检查，堵塞漏洞，疏通进排水管道。

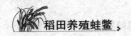

二、稻田消毒

稻田是蛙鳖生活栖息的场所，也是蛙鳖病原体的储藏场所。稻田环沟的消毒至关重要，类似于建房打地基，地基打得扎实，房子才能安全稳固，否则，就有可能酿成"豆腐渣"工程的悲剧。稻田养殖蛙鳖也一样，基础、细节做得不扎实，就会增加养殖风险，甚至酿成严重亏本的后果。可以这样说，稻田环境的清洁与否，直接影响到蛙鳖的健康，所以一定要重视稻田的消毒工作。稻田清毒能消除养殖隐患，是健康养殖的基础工作，也是预防蛙鳖疾病和提高蛙鳖产量的重要环节和不可缺少的措施之一，同时，对蛙鳖种苗的成活率和健康生长起着关键性的作用。

在利用稻田养殖蛙鳖的生产中，一般是提前半个月左右的时间，采用各种有效方法对稻田进行消毒处理。用药物对稻田进行消毒，既可以有效地预防蛙鳖的疾病，又能消灭水蜈蚣、水蛭、野生小杂鱼等敌害。在生产过程中常用的消毒药物有生石灰、漂白粉等。

1. 生石灰消毒

生石灰就是我们所说的石灰膏，是砌房造屋的必备原料之一。它的来源非常广泛，几乎所有的地方都有，而且价格低廉，是目前国内外公认的最好"消毒剂"。生石灰既具有水质改良作用，又具有一定的杀菌消毒功效，是目前用于消毒最有效的方法。它的缺点就是用量较大，使用时占用的劳动力较多，而且生石灰有严重的腐蚀性，操作不慎，会对人的皮肤等造成一定伤害，因此在使用时要小心操作。

使用生石灰消毒稻田及田间沟，可迅速杀死敌害生物和病原体，如野杂鱼、水生昆虫、虫卵、螺类、青苔、寄生虫和病原菌及其孢子等，有除害灭病作用。另外，生石灰与水反应会变成能疏松淤泥、改善底泥通气条件、加快底泥有机质分解的碳酸钙；

在钙离子的作用下，释放出被淤泥吸附的氮、磷、钾等营养素，改善水质，增强底泥的肥力，让田水变肥，间接起到了施肥的作用。生石灰消毒可分为干法消毒和带水消毒2种方法。通常都是使用干法消毒，在水源不方便或无法排干水的稻田才用带水消毒法。

（1）干法消毒

在幼蛙或幼鳖放养前20～30天，排干环沟里的水，保留水深5厘米左右（并不是要把水完全排干）。在环沟底中间选好点，一般每隔15米选一个点，挖成一个个小坑，小坑的面积约1平方米即可。将生石灰倒入小坑内，每亩环沟用生石灰40千克左右，加水后生石灰会立即溶化成石灰浆水，同时会放出大量的气体和发出"咕嘟咕嘟"的声音。这时不要等生石灰浆冷却，要趁热向四周均匀泼洒，边缘和环沟中心及洞穴都要洒到。泼浇生石灰后的第二天，用铁耙翻耕田间沟的底部淤泥。为了提高消毒效果，最好将稻田的中间也用石灰水泼洒一下。然后经3～5天曝晒，灌入新水，经试水确认无毒后，就可以投放幼蛙或幼鳖。

（2）带水消毒

对于排水不方便的稻田或者为了抢农时，可采用带水消毒的方法。这种消毒措施速度快、效果也好，缺点是石灰用量较多。

在幼蛙或幼鳖投放前15天，在水面水深1米时（这时不仅仅是环沟了，因为1米的水深时，整个稻田都进水了，这时再计算石灰用量，必须计算所有水的稻田区域），每亩用生石灰150千克。将生石灰放入大木盆、小木船、塑料桶等容器中化开成石灰浆，操作人员穿防水裤下水，将石灰浆全田均匀泼洒（包括田埂）。用带水法消毒虽然工作量大一点，但效果很好，可以把石灰水直接灌进田埂边的鼠洞、蛇洞、龙虾洞和鳝鱼洞里，能彻底地杀死病害。

（3）测试余毒

就是测试水体是否有毒性，这在水产养殖中是经常应用的一

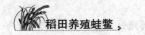

项小技巧。

测试的方法是在消毒后的田间沟里放一只小网箱，在预计毒性已经消失的时候，向小网箱中放入 50 只幼蛙或幼鳖。如果在一天（即 24 小时）内，网箱里的幼蛙或幼鳖既没有死亡又没有其他任何不适反应，那就说明生石灰的毒性已经全部消失，这时就可以大量放养幼蛙或幼鳖了。如果 24 小时内有测试的幼蛙或幼鳖死亡，那就说明毒性还没有完全消失。这时可以再次换水 1/3 ~ 1/2，过 1 ~ 2 天再测试，直到完全安全后才能放养幼蛙或幼鳖。后文的药剂消毒的测试方法是一样的。

2. 漂白粉消毒

漂白粉遇水后能放出次氯酸，具有较强的杀菌和灭敌害生物的作用，一般用含有效氯 30% 左右的漂白粉。和生石灰消毒一样，漂白粉消毒也有干法消毒和带水消毒 2 种方式。漂白粉要根据稻田或环沟内水量的多少决定用量，防止用量过大把稻田里的螺蛳杀死。

（1）干法消毒

用量为每亩田间沟用 5 ~ 10 千克，使用时先用木桶加水将漂白粉完全溶化后，全田均匀泼洒即可。

（2）带水消毒

用漂白粉带水消毒时，要求水深 0.5 ~ 1 米，漂白粉的用量为每亩田间沟用 10 ~ 15 千克。先用木桶或瓷盆加水将漂白粉完全溶化后，全田均匀泼洒。也可将漂白粉顺风撒入水中，然后划动田间沟里的水，使药物分布均匀。一般用漂白粉清整消毒 3 ~ 5 天后，即可注入新水和施肥，再过两三天，就可投放幼蛙或幼鳖进行饲养。

3. 生石灰、漂白粉交替消毒

有时为了提高效果、降低成本，会采用生石灰、漂白粉交替消毒的方法，比单独使用漂白粉或生石灰消毒效果好。这种方法也分为带水消毒和干法消毒 2 种。带水消毒，在田间沟水深 1 米时，每亩用生石灰 60 ~ 75 千克加漂白粉 5 ~ 7 千克。干法消毒，在水深 10 厘米左右时，每亩用生石灰 30 ~ 35 千克加漂白粉 2 ~ 3 千克。使用方法与前面 2 种相同，消毒 7 天后即可投放幼蛙或幼鳖。

4. 漂白精消毒

漂白精是过氧化物，在水中溶解后能迅速放出原子态氧，具有极强的氧化杀菌能力，同时有立体增氧、净化水质的作用。

5. 茶粕（茶饼）消毒

水深 1 米时，每亩用茶粕 25 千克。将茶粕捣成粉末，放入容器中加热水浸泡一昼夜，然后加水稀释、调匀，连渣带汁全田均匀泼洒。在消毒 10 天后，毒性基本消失，可以投放幼蛙或幼鳖进行养殖。

6. 生石灰和茶碱混合消毒

此法适合稻田进水后使用，把生石灰和茶碱一起放入水中溶解后，全田泼洒。每亩用生石灰 50 千克，加茶碱 10 ~ 15 千克。

7. 鱼藤酮消毒

使用含量为 7.5% 的鱼藤酮原液，在水深 1 米时，每亩使用 700 毫升，加水稀释后装入喷雾器中全田喷洒。能杀灭几乎所有的敌害鱼类和部分水生昆虫，对浮游生物、致病细菌和寄生虫没有什么作用。效果比前几种药物差一些，毒性 7 天左右消失，这时就可以投放幼蛙或幼鳖了。

8. 巴豆消毒

在水深 10 厘米时，每亩用 5 ~ 7 千克。将巴豆捣碎磨细装入罐中，也可以浸水磨碎成糊状装进酒坛，加烧酒 0.1 千克或用 3% 的食盐水密封浸泡 2 ~ 3 天，用稻田里的水将巴豆稀释后连渣带汁全田均匀泼洒。10 ~ 15 天后，再注水 1 米深，待药性彻底消失后放养幼蛙或幼鳖。

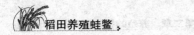

9. 氨水消毒

在水深 10 厘米时，每亩用 60 千克。在使用时要同时加 3 倍左右的沟泥，目的是减少氨水的挥发，防止药性消失过快。使用 1 周后药性基本消失，这时就可以放养幼蛙或幼鳖了。

10. 二氧化氯消毒

二氧化氯消毒是近年来才渐渐被养殖户所接受的一种消毒方法。它的消毒方法是先引入水源再用二氧化氯消毒，在水深为 1 米时，每亩用 10～20 千克，7～10 天后放苗。该方法能有效杀死浮游生物、野杂鱼虾等，防止蓝绿藻大量滋生，但放苗之前一定要试水，确定安全后才能放苗。值得注意的是，由于二氧化氯具有较强的氧化性，加上它易爆炸，容易发生危险事故，因此在储存和消毒时一定要做好安全工作。

三、稻田培肥

1. 稻田培肥的意义和原则

蛙鳖的食性较杂，而且偏爱动物食性，水体中的小动物、植物、浮游微生物、底栖动物及有机碎屑都是它们的食物。但是作为幼蛙、幼鳖，尤其是蝌蚪，最好的食物还是水体中的浮游生物，因此，采取培肥水质、培养天然饵料生物的技术是稻田养殖蛙鳖成功的重要保证。在稻田里适度施肥，能使饵料生物生长，是供应蛙鳖适口的天然饵料。稻田养殖蛙鳖的施肥，可以分为两种情况：一种是在蛙鳖放养前施基肥，用来培养天然饵料生物；另一种是在养殖过程中，为了保证足够的浮游生物，必须及时、少量、均匀地追施有机肥。因此，施肥原则是"以基肥为主，追肥为辅；以有机肥为主，无机肥为辅"，有机肥可作基肥，也可作追肥，化肥则用作追肥为宜。

2. 稻田培肥的方法

稻田肥料施用量和施肥方法要根据稻田表土层富集养分、下层养分较少的养分分布特点和免耕抛秧稻扎根立苗慢、根系分布浅、分蘖稍迟、分蘖速度较慢、分蘖节位低、够苗时间较迟、苗峰较低等生育特点进行。我们在进行稻田养殖蛙鳖时，基肥以腐熟的有机肥为主，于平田前施入溜沟内，按稻田常用量施入鸡、牛、猪粪等农家肥，让其继续发酵腐化，以后视水质肥瘦适当施肥，促进水稻稳定生长，保持中期不脱力、后期不早衰、群体易控制。在抛秧前 2 ~ 3 天施用，采用有机肥和化肥配合施用的增产效果最佳，且兼有提高肥料利用率、培肥地力、改善稻米品质等作用，每亩可施农家肥 300 千克、尿素 20 千克、过磷酸钙 20 ~ 25 千克、硫酸钾 5 千克。

　　基肥的施用时间也是有讲究的，过早施肥会生出许多大型的浮游动物，幼蛙、幼鳖尤其是蝌蚪的嘴小吞不下；过迟施肥浮游动物还没有生长，蛙鳖苗种下田以后找不到足够的饵料。如果施肥得当、水肥适中，适口饵料就很丰富，蛙鳖苗种下田以后，成活率就高，生长就快。

　　放养蛙鳖后一般不需要施追肥，如果发现稻田脱肥，则应及时少量施追肥，追肥以无机肥为主，采取勤施、薄施方式，以达到促分蘖、多分蘖、早够苗的目的。原则是"减前增后，增大穗、粒肥用量"，要求做到"前期轰得起（促进分蘖早生快发，及早够苗），中期控得住（减少无效分蘖数量，促进有效分蘖生长），后期稳得起（养根保叶促进灌浆）"。禾苗返青后至中耕前追施尿素和钾肥 1 次，每平方米田块用量为尿素 3 克、钾肥 7 克，配施无机肥 30 千克，以保持水体呈黄绿色。抽穗开花前追施人畜粪 1 次，每平方米用量为猪粪 1 千克、人粪 0.5 千克。为避免禾苗疯长和烧苗，人畜粪的有形成分主要施于围沟靠田埂边及溜沟中，并使之与沟底淤泥混合。

　　3. 安全施肥

　　为了确保蛙鳖的安全，在追施肥料时，先排浅田水，让蛙鳖

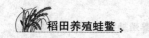

慢慢地爬到田间沟里集中在一起，然后再施肥，有助于肥料迅速沉积于底泥中为田泥和禾苗吸收，随即加深田水到正常深度；也可采取少量多次、分片撒肥或根外施肥的方法。在水稻抽穗期间，要尽量增施钾肥，可增强抗病力，防止倒伏，提高结实量，成熟时秆青籽黄。

在施肥培肥水质时还有一点应引起养殖户的注意：我们建议最好是用有机肥进行培肥水质，在有机肥难以满足的情况下，或者是稻田连片生产时，不可能有那么多的有机肥时，也可以施用化肥来培肥水质，同样有效果。只是化肥的肥效很快，培养的浮游生物消失得也很快，因此需要不断地进行施肥。生产实践表明，如果是施化肥，可施过磷酸钙、尿素、碳铵等，如每立方米水可施氮素肥 7 克、磷肥 1 克。

4. 稻田施用生物鱼肥

生物鱼肥是一种新型高效复合肥料。它是针对无机肥和有机肥的缺点与弊端，应用先进的理论和技术，将无机元素、有机元素和生物活性物质科学地配比复合，研发出来的一种专门针对水产养殖的肥料。这种肥料是针对蛙鳖对水体的理化要求和稻田养殖的营养需求特点，精心研制开发的含氮、磷、钙的复合肥料。根据水体施肥"以磷促氮、以微促长"的理论，合理配比各营养要素，充分发挥有机肥、无机肥、微量元素及微生物的不同特点，能在较短的时间内迅速培肥水质，促进优良藻类的大量繁殖、生长，控制藻相平衡，将老化水质转为嫩绿水质。水色鲜活，为蛙鳖创造良好的生活环境，增强浮游植物酶的活性，提高光合作用效率，增加水中溶氧。

生物鱼肥是替代传统无机肥和有机肥的新一代高效复合水产专用肥，能够综合调控水质，改善不良水体的生物群落结构，使养殖水体呈现出"肥、活、嫩、爽"的水质特色，具有保持养殖水环境的生态平衡，降低养殖对象的发病率等特点。另外，还具有使用方便、使用量少的优势。这种肥料的缺点之一是价格太高，应用成本较大，因此对于利用稻田养殖蛙鳖的农户来说，要想全面应用还有一定难度；另外一个缺点就是由于这种肥料是刚刚研制出来的，目前只是广谱性的，并没有专门针对某一种鱼类，例如，目前并没有完全根据蛙鳖的养殖特点和摄食习性开发的蛙类专用生物肥或鳖类专用生物肥。

生物鱼肥的施用也是有技巧的，主要表现在以下几点：

一是在蛙种、鳖种放养前一周，用生物鱼肥施足基肥来培肥水质，水深为1米时，每亩用4千克。

二是在养殖过程中要根据水质肥度适时施加追肥，水深为1米时，每亩每次追肥2~3千克。

三是施肥时间以晴天上午为宜，阴雨天不要施肥，以免影响效果。

四是施肥方法是先将本品溶于适量水中，充分溶解后，30~60分钟后均匀泼洒。

五是无论是施基肥还是施追肥，在施肥后的3天内，最好不换水或注水。

六是生物鱼肥具有特殊性质，因此不宜与碱性物质一起存放或施用，施生石灰前后1周内不宜施用。

七是根据稻田的具体情况调整施肥量，如果田间沟内的淤泥过厚，应减少施肥量并配合使用底质改良剂；对于保水、保肥性能差的稻田，可适当增加施肥量。

八是根据季节和天气调整施肥量。每年3—5月，水温较低，蛙鳖刚刚从冬眠期醒过来，吃食量较少，水中营养物质易缺乏，可适当增加施肥量；6—9月，蛙鳖的摄饵量大，水质已较肥，可不施追肥或少施追肥；9月后，天气转凉、水质变淡，可酌情增加施肥量。

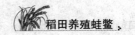

四、投放水生植物

在稻田的田间沟内种些水生植物，如套种慈姑、浮萍、水浮莲（水葫芦）、水花生等，覆盖面积占田间沟总面积的1/4左右，以便增氧、降温及遮阳，避免高温阳光直射，为蛙鳖提供舒适、安静的栖息场所；有利于蛙鳖摄食、生长及发育。同时，水生植物的根部还为一些底栖生物，为田螺、水蚯蚓等饵料生物的繁殖提供场所，有的水生植物本身还具有一些效益，可以增加收入。当夏季田间沟中杂草太多时，应予清除，沟内可放养一些藻类或浮萍，既可以改善水质又可以补充蛙鳖的植物性饲料。

五、养殖用水的处理

在稻田中大规模养殖蛙鳖时，常常会涉及换水和加水，因此必须对养殖用水进行科学的处理。根据目前我国养殖蛙鳖的现状来看，通过物理方法对养殖用水进行处理是很好的，包括通过栅栏、筛网、沉淀、过滤，挖掘移走底泥沉积物，进行水体深层曝气，定时进换水等工程性措施。

一是栅栏的处理。栅栏用竹箔、网片制成。通常是将栅栏设置在稻田养殖蛙鳖区域的水源进水口，设置栅栏的目的是为了防止水中较大个体的鱼、虾、漂浮物、悬浮物及敌害生物进入养殖区域水体。

二是筛网的处理。筛网一般安置在水源进水口的栅栏一侧，作为幼体孵化用水，以防小型浮游动物进入孵化容器中残害幼体。对于那些利用工业废水来养殖蛙鳖的稻田，更要加以处理，也可用筛网清除粪便、残饵、悬浮物等有机物。

三是利用沉淀的方法处理。在养殖上一般采用沉淀池沉淀，沉淀时间根据用水对象确定，通常需要沉淀48小时以上。

四是进行过滤处理。过滤是使水通过具有空隙的粒状滤层，使微量残留的悬浮物被截留，从而使水质符合养殖标准。

第五节 稻田养殖蛙鳖前应该做好的功课

在决定进行稻田养殖蛙鳖前，建议做好一些基本功课，打好基础。主要是要做好充足的准备工作，任何一点都不能马虎，这样才能应对养殖蛙鳖过程中可能会出现的问题。

我们都知道，蛙鳖养殖属于特种水产品的养殖范畴，而蛙鳖的稻田养殖又是一个全新的稻田综合种养模式。比起一般的种植业，它的投入高、产出大，当然风险也是很大的，因此在养殖前一定要做好前期的准备工作，不打无把握之战。这些准备工作包括以下内容。

一、做好心理准备工作

在决定饲养前一定要做好心理准备。可以先问自己几个问题：决定养了吗？怎么养？了解稻田养殖蛙鳖吗？稻田养殖蛙鳖的风险系数多大？对养殖的前景和失败的可能性有多大的心理承受能力？决定投资多少？是业余养殖还是专业养殖？是自己亲自管理还是雇人管理？家里人是支持还是反对？等等。

二、做好风险意识准备工作

任何一种养殖业都是一种投资，有投资就有风险。蛙鳖作为特种养殖品种，即使在稻田里养殖，也有一定的风险，尤其是在高密度养殖条件下，更是存在着相当大的风险。除了技术上的风险、市场上的风险等，还有自然灾害和气候条件等带来的风险，因此，养殖前要有足够的思想准备和抗衡经济风险的能力，量力而行。

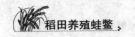

三、做好养殖资金的准备工作

蛙鳖养殖是一种名优水产品的养殖，利用稻田养殖蛙鳖是一种高投入、高产出的行业（在后文我们将为大家具体测算），成本是比较高的，风险也是比较大的，需要足够的资金作为后盾。因为蛙鳖的苗种需要钱，饲料需要钱，一些基础养殖设备需要钱，人员投入需要钱，稻田需要租金，稻田改造和田间沟的开挖及清除敌害等也都需要钱。因此，在养殖前必须做好资金的筹措准备。我们建议养殖户在决定养殖前，先去市场多跑跑、多看看，再上网多查查，向周围的人或老师多问问，最后再决定自己投资多少。投资者必须谨慎行事，根据自己的实力来进行投资。如果实在不好确定，也可以自己先尝试着少养一点，主要是熟悉蛙鳖的生活习性和养殖技术，等到养殖技术熟练、市场明确时，再扩大生产也不迟。

四、做好知识储备工作

计划从事稻田养殖蛙鳖的人员，在养殖前先要好好学习蛙鳖的基础知识，了解蛙鳖的生活习性，掌握稻田的生态环境特点。要根据蛙鳖的习性，结合本地的自然资源和稻田的光、气、水、热等天然资源，努力营造合适蛙鳖养殖的环境，确保蛙鳖的养殖成功。

更重要的是要掌握科学的养殖技术，这就要求养殖人员要积极参加学习培训，掌握养殖蛙鳖的一些基本技术，如苗种的繁育、蝌蚪的培育、幼蛙幼鳖的培育、成蛙成鳖的养殖、活饵料的人工培育、饵料的投喂技巧、人工驯饵的技巧、病害防治等。然后到养殖场实地参观学习，学习并借鉴别人成功的经验，要进行深入的调查研究，最后再动手养殖。尽量避免盲目性，尽量少走弯路，减少不必要的经济损失。

五、做好技术准备工作

利用稻田养殖蛙鳖时，由于放养密度比较大，对饵料和空间的要求也大，因此，如果蛙鳖养殖的喂养、防逃、防病、治病等技术不过关，会导致养殖失败。所以，在实施稻田养殖蛙鳖之前，要做好技术储备，要多看书、多查资料、多上网、多学习、多向行家和资深养殖户请教，把养殖中的关键技术都了解清楚，然后才能养殖。也可以先少量试养，待充分掌握技术之后，再大规模养殖。

随着蛙鳖产业化市场的不断变化、养殖技术的不断发展、科学技术的不断进步，我们在养殖蛙鳖时可能会遇到新的问题、新的挑战。这就需要我们不断学习，不断地引进新的养殖知识和技术，而且要善于在现有技术基础上不断地改革和创新，再付诸实践，总结提升，找到适合自己的养殖方法。

六、做好市场准备工作

市场准备工作尤其重要，从事蛙鳖养殖的人都很关心。对蛙鳖的市场要进行调研：一是要了解蛙鳖的养殖市场，主要是了解现在蛙鳖的市场是供大于求还是供不应求，哪种蛙鳖好养，前景如何？也就是说在养殖前就要知道养殖好的蛙鳖怎么处理。是自己到菜市场上出售，还是出口到国外？主要是为了供应蛙鳖苗种，还是为了供应商品鳖、商品蛙？二是要了解蛙鳖的收购市场，主要包括市场的容量有多大？市场的收购价格是多少？如果一时卖不了（稻田又要进行下一茬口的安排）或者是价钱不满意，那该怎么办？商品如何分级，以及分级的价格如何？收购商有哪些？收购商的信誉度如何？等等。

这些工作在养殖前也是必须要准备好的，如果没有预案，万一出现意想不到的情况，养殖的那么多的蛙鳖怎么处理，这也是

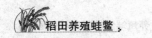

个严峻的问题。

针对以上的市场问题，我们认为养殖者一定要做到眼见为实、耳听为虚。根据自己看到的再来进行准确的判断，不要过分相信别人怎么说，也不要相信电视上怎么介绍，更不要相信那些诱人的小广告的。现在是市场经济时代，也是信息快速传播的时代，市场动态要靠自己去了解、去掌握、去分析，做到去伪存真，突破表面现象去看真实问题。

七、做好养殖设施准备工作

养殖前就要做好设施准备。这些工作主要包括养殖场所和饲料的准备，还包括网具、药品、投饵机和增氧设备的准备等。

养殖场所要选取既适合种植水稻又适合养殖蛙鳖的稻田，尤其是稻田的水质一定要有保障，另外，电路和通信也要有保障。

八、做好苗种准备工作

"巧妇难为无米之炊"，种源是养殖的基础，没有好的种源，蛙鳖的养殖也就无从谈起。因此在养殖前还要做好种源的保障工作，要对蛙鳖来源的途径及其可能产生的风险进行评估，权衡利弊。

1. 掌握种源的途径

例如，在利用稻田养殖蛙前，要了解自己准备养殖哪种蛙，是牛蛙还是美国青蛙，是棘胸蛙还是虎纹蛙或者林蛙等。在确定养殖品种后，再积极寻找相应的种源途径，是从外地购买，还是从本地购买，是自己育种还是从别的养殖场引种。这一切的工作都要做到位。

2. 不要落入炒种的陷阱

从事蛙鳖养殖前，要实地考察具有一定科技含量的养殖示范基地，对一些以养殖为名、炒作种源为实的所谓大型养殖场（公司），要加以甄别，不要落入炒种者的圈套。引进优良的蛙鳖品种，是养殖场和养殖从业者优化蛙鳖种质的积极措施。由于我国对蛙鳖苗种的流通缺乏强有力的监督与管控，许多供种单位会用一些养殖效益不好或者是有病的苗种来冒充优质或是提纯的良种，结果导致养殖户损失惨重，因此在养殖前一定要做好苗种准备。我们建议初养的养殖户采取步步为营的方式，用自培自育的苗种来养殖，慢慢扩大养殖规模，可以有效地降低风险。

九、做好饵料储备工作

"兵马未动，粮草先行"，说明饵料对蛙鳖养殖的重要性。和所有的动物一样，养殖蛙鳖，就需要投喂，饵料的成本就是一笔的很大开支。对于养殖蛙鳖数量少的一般养殖户，可以充分利用周边现有的自然资源，采取人工培育活饵料的方法来解决蛙鳖的食物，而且为了确保蛙鳖进场后就能吃上饵料，活饵料的培育工作要提前进行；但是对于大型的蛙鳖养殖场，则养殖前就要购买并储存充足的颗粒饲料。生产实践已经证明，如果准备的饲料质量好、数量足，养殖的产量就高、质量就好，当然效益也就比较好，反之亦然。总之，要以最少的代价获得最大的报酬，这也是养殖业的经营原则。

十、掌握鳖的暂养和保管方法

鳖的暂养和保管是提高其生存率、提高经济效益的重要举措之一，在养殖鳖的过程中，我们会经常用到这一技巧。

如果在夏、秋季起捕或收购的鳖不能马上起运，可转入池内暂养。暂养密度每亩一般不宜超过 600 千克，同时应注意按时投饵、保持水质清洁和防止病害发生。如果能保证很快运输出去，这时可在水泥池内先用潮湿的粉沙或水草铺底，再把鳖放入池内，然后盖上湿草袋以防爬动和蚊蝇叮咬，数量不宜过多，以免

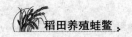

相互挤压抓咬。池内不宜蓄水，但要保持湿润清洁，要经常冲去粪便和其他排泄物。

如果是在冬季起捕或收购的鳖不能放在室外，因为低温可能会冻伤它们，这时可放在室内保管。保管室应选择向阳背风、比较温暖的房间，室内铺上松软湿润的泥沙或黄沙土，厚约40厘米，这时活的鳖就可以在室内的泥土中冬眠。为了防止保管室内的泥土冻结而使鳖冻伤，室温可控制在2~12℃。

如果是在早春和深秋季节起捕或收购后能确保在短时间内运走的鳖，可将鳖放在缸内、桶内或水泥池内，里面放适量水，鳖的数量不宜过多，以免相互抓咬。

第三章 鳖的稻田养殖

在稻田里养鳖是一种具有良好的经济效益、生态效益和社会效益的生态型种养方式，是一条生态循环的新路子。

鳖捕食田间害虫可大量减少农药的使用量，其粪便又是水稻的良好肥料，减少化学肥料的使用量，生产的水稻达到无公害绿色标准。这是一种低碳和资源节约型生产方式，能够有效提升土地的产出效率和经济效益。利用稻田养殖鳖，不仅能提高农田的利用率，能充分利用自然资源，使农民增产增收；而且鳖可为稻田疏松土壤和捕捉害虫，能有效减轻农业污染对环境的压力，因此在稻田里养鳖是一种非常高效的稻田生态种养模式，值得推广。

第一节 了解稻田养鳖

一、了解我国鳖养殖的历程

1. 我国鳖养殖的发展历程

我国捕食鳖的习俗由来已久，在古代就有"鳖人"专门为王宫贵族捕捉鳖，供他们享用。但是人工养殖鳖的历史并不长。

根据记载，20世纪70年代之前，我国从未人工养殖过鳖，市场上的商品鳖主要是捕捞的野生鳖，这个时期我们称之为人工捕捞阶段。进入20世纪70年代中后期，随着我国实行改革开放

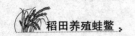

的政策，人们的生活水平得到了提高，人们对生活的态度也慢慢地由"吃饱"向"吃好"转变，鳖的市场潜力逐渐显现，由过去的随捕随卖，发展到人工收购、囤养或暂养，利用时间差、地区差、赚取较高的利润。同时，在科研人员的努力下，中华鳖的人工养殖、育苗技术也获得了突破与成功，但当时的水产品仍以常规养殖为主，加之市场需求量不大，因而养殖鳖仍未形成产业，我们称这个时期为蓄养阶段。

到了20世纪80年代中后期，随着我国市场经济的不断发展与完善及人们生活水平的提高，人们对鳖的需求量日益增加。在这个时期，东南亚各国都对鳖的养殖与研究给予了高度重视，走在科研最前列的当属日本。日本率先进行的加温至恒温养鳖（日本中华鳖）技术获得成功。我国也慢慢地借鉴这种温室养殖技术，同时也在室外进行了大塘养殖鳖，都取得了很高的产量和很好的经济效益，我们称这个时期为人工养殖期。

养殖鳖产业的发展，对国内经济、市场供应有很大促进。到20世纪90年代初期，养殖鳖已经成为我国水产养殖行业中的热门行业。这时我国养殖鳖的技术水平和生产规模已居世界先进水平。按当时的市场价格，鳖是效果最好的养殖对象，是人人都向往品尝的淡水珍品。作为养殖者，在这个时期只要有池塘、有苗种、有养殖技术，就有丰厚的养殖利润。当时的鳖苗需求是供不应求，只要有苗种，甚至小苗还在鳖蛋里没有孵化出来，就已经被养殖户高价预订了。在高峰期，一只鳖苗的售价竟高达十来元，我们称这段时间为养殖高潮期，也被人称为养殖疯狂期。

我国的鳖养殖业受限于鳖的生态习性，一开始就以集约化方式为起点。随着生产的大发展，其集约化程度日益提高、日趋完善，管理上更加科学，这为提高我国鳖养殖的集约化程度奠定了基础。由于高利润的驱逐，使人们过度地追逐鳖的养殖，也不管当时的一些具体情况。如技术上的一些问题、养殖场设备配置不当、养殖工艺不完善和不规范等，还由于生态环境调控不好，导致病害严重。同时，由于人工高密度养殖鳖时，已经打破了鳖自然的生活规律，尤其是它们的食物来源已经不能由自然界直接提供，而人工配制的饲料加工问题很多，如营养配方、微量元素的添加量等问题，加上当时宣传上的误导，人们在引种方面存在乱引种、滥引种，不经检疫，往往会引发疾病的传播。因此到了20世纪90年代后期，鳖养殖的病害频发、暴发，养殖场的经营日益困难。鳖价格大幅回落，加上人工养殖的鳖口感不好，市场认可度也不断下降。这些因素叠加在一起，给我国的鳖养殖业造成了短期的毁灭性打击，这个时期我们称之为养殖低谷期。

随着人们对生态养殖（如在稻田里养鳖）、标准化养殖（池塘标准化养鳖）及对鳖仿生态养殖（仿野生养殖）等技术的研究与推广，目前鳖的养殖热潮渐趋稳定与正常，使商品价值与市场价格逐渐吻合。投入产出比为1∶2.5～1∶1.4，这是养殖效益最好的品种之一，高于其他淡水养殖种类，我们称现在为养殖稳定期。这个时期，我们如果能提高鳖的精深加工档次与水平，努力开拓国际市场，使鳖的消费在国内外市场实现大众化，鳖养殖业的前景是乐观的。

2. 鳖养殖快速发展的原因

近几年来，鳖养殖尤其是稻田生态养殖正在我国各地迅速发展，究其原因有如下几点：一是鳖的价格已经回归正常，它们的营养价值和食疗价值正被国内外市场接受，人们生产的优质成品鳖在市场上不愁没有销路；二是鳖的稻田生态养殖技术能够得到推广，尤其是国家相关部门重视对鳖在稻田里养殖技术的研究，许多地方将稻田养殖鳖作为"科技下乡""科技赶集""科技兴渔""农村实用技术培训"的主要内容；三是鳖养殖的方式是多样化的，既可以集团式的规模化养殖，又可以是千家万户的小田块养殖，既可以在池塘或水泥池中饲养，又可以在大水面或稻田

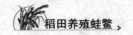

中饲养，既可以在池塘中精养，又可以在沟渠、塘坝、沼泽地中粗养。

3. 鳖养殖的问题

虽然我国近年来从上到下对鳖苗种生产的重视已达到前所未有的程度，种质资源和苗种产量也有了很大的发展，到目前为止，市场价格也日趋稳定，但是在发展中仍存在技术瓶颈，主要体现在以下几点。

一是苗种市场比较混乱，炒苗现象相当严重，伪劣鳖苗种坑农、害农的现象时有发生。一些地理品系甚至从国外进口的品种都被用于炒种，结果给广大的鳖养殖户造成巨大的损失。

我国中华鳖地理品系是由不同地理环境下长期形成的地理种群，这些种群在当地的气候环境条件下，形成其独特的生长和繁殖特点，而一旦离开本土环境和条件，其不但没有优势可言，而且也很难与引入地的土著品种竞争。例如，黄河品系在引入到浙江后，在外塘养殖过程中抗病性能就明显比当地的纯太湖品系差，在稻田养殖中也无任何生长优势，且黄河品系在黄河流域外塘养殖的成活率远高于在浙江养殖。再如，西南品系（黄沙鳖）在华东地区从苗种开始在野外养成商品，4 年的养殖总成活率只有 20%，如果通过工厂化控温养殖到 400 克以上再放到野外，成活率可提高到 70%。主要原因就是这个品系的鳖在高纬度地区有越冬难的问题，因此不根据自身条件和市场情况乱引种的后果可想而知。

二是针对鳖养殖特有的专用药物还没有开发。目前沿用的仍然是一些兽药或其他常规鱼药，一些生产者的无公害意识不强，滥用药物防治鳖疾病的现象时有发生。

三是鳖的深加工技术还跟不上。目前生产出来的鳖仅仅是为了满足食用需求，其潜在的深加工价值还没有得到充分体现。

二、稻田养鳖获益的关键

要想通过稻田生态养殖鳖来获得更好的经济效益，必须重点抓好以下几点。

1. 选择正确的品种，这是获利的前提

目前市场上鳖的地理品系有好几种，如何选择合适的品种是需要认真调查研究的，要选择适合本地养殖的鳖类。例如，泰国鳖就不适于在长江以北地区的稻田里养殖，在这里最好选择江南花鳖等品系。

2. 选择好优质的苗种是获益的条件

作为稻田养殖用的鳖，最好选择外形无伤痕、爪子齐全、反应灵敏的幼体，对于那些有伤及钓捕的鳖则不宜用作苗种养殖。

3. 选择合适的养殖方式是获益的基础

养殖户可根据不同的养殖目的采取不同的养殖方式，通常养殖鳖的方式有温棚养殖、季节性暂养、鳖和鱼混养、立体养殖、鳖和其他动植物综合养殖等。目前，全国水产技术总站重点推广的就是稻鳖综合种养技术，也就是我们所说的利用稻田养殖鳖。这种养殖方式目前是生态、环保、持续收益的好方式。

4. 掌握科学的饲养技术是获益的关键

利用稻田养殖鳖，关键是要掌握好一些科学的饲养技术。这些科学的养殖技术包括适宜的饲养密度，适口的饲料，营造并改善稻田生态环境，提高鳖亲本的产卵量、受精率、孵化率，提高稚鳖培育的成活率，提供适宜的水温条件，培育适宜的活饵料，加强对疾病的综合预防等。

5. 经营"三好鳖"是获益的手段

要想得到更好的市场效益，让市场接受你标准化生态养殖出来的鳖，必须打好"三好鳖"这张牌，也就是要算好账、养好鳖、卖上好价钱。

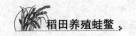

一是算好账：在利用稻田养鳖前，一定要多看看别人的成功与失败，多了解当前的市场行情，多打打自己心中的小九九，把算盘管精，把账算好。在调研中我们发现，也有一些农民朋友利用稻田养殖鳖，不但没赚到钱，还亏本了。亏损的一个重要原因就是红眼病，一看到别人用稻田养鳖赚钱了，就认为这个好养，弄点鳖苗、鳖种，把稻田挖个环沟，弄点饲料，就可以等着数钱了，然后就迫不及待地跟风上马，根本就没有，甚至就不会去核算养殖后的市场和成本的变化对自己的养殖是否有利？自己养殖出来的产品定位在哪儿？自己产品的盈利点有多大？这些问题根本就没想好。这些跟风养殖者，永远只能做别人的跟屁虫。别人已经把钱赚进腰包了，而等他们的产品上市时，却发现并没有自己预想得那么美好，最后只能看着别人赚钱而自己草草收场。

因此在进行稻田养鳖前，我们一定要先算账，算好账。这些账包括市场行情如何？生产资料的市场变化如何？利用稻田养殖出来的鳖应该比大棚或温室养的鳖口感更好、价格更高，问题是有哪些人知道你的稻田鳖和稻鳖米是绿色食品？市场价格趋势怎样？你的心理预期价格是多少？如何控制养殖成本？只有在确定能赚钱、能盈利的前提下才能上马养殖。

二是养好鳖：一旦决定养殖了，就要全力以赴地把稻田鳖养大、养好、养成品牌，只有质量好的鳖，如绿色生态的稻田鳖，才能吸引及留住客人，尤其是回头客。要知道这些回头客的口碑对于你生态养殖出来的稻田鳖销售是非常重要的。因此，我们一定要按照国家关于食品质量卫生要求和无公害食品养殖方法去操作和生产，尽量少用药，走稻田综合种养和生态养殖的路子，以高质量、精品鳖打响牌子，确保上市的鳖不但口味好，而且安全也有保证。这样的鳖会没有好价格？会没有好市场吗？

三是卖上好价钱：这是养殖户最期望的事。虽然古语"酒香不怕巷子深"，好的稻田鳖产品不怕没有销路，但是由于养殖出来的鳖量大，最好不要积压，要及时销售出去，以便尽快地收回资金、盘活资产。所以我们要认真地研究市场、开发市场、引导市场，让市场能及时地认知我们鳖的品牌。因此，好的稻田鳖生产出来后，要想卖个好价钱，不但要鳖质量好、品牌响，也要适时地做一些广告宣传，使我们的好鳖能广而告之、扬名市场，便能卖上预期的好价钱了。

第二节　鳖苗的供应

一、鳖苗种的选择

要养好鳖，首先就要选好鳖的苗种。从许多养殖专业户和编者的实践经验来看，选购鳖苗种应考虑如下几点：一是从技术上来鉴别鳖苗种的好坏；二是从养殖模式上来选择鳖苗种；三是从养殖适应性上来选择鳖的适宜地理品系；四是从来源上寻找一个可靠的供种单位，从而选购到高产优质的鳖苗种。当然，其他的一些因素也不能忽略。

1. 选购品种的确定

鳖的地理品系繁多，近年来我国不断地引进了一些国外新品种，目前我国有近 10 个不同的地理品系供养殖。由于这些鳖许多品种体貌特征非常相似，但生活习性、生长速度、繁殖量、产肉率、品味质量及综合价值极不相同，养殖的经济效益相差悬殊。因此，对同种异名、异种同名、体貌相近的鳖，要正确区分，以防假冒伪劣。有一点要注意的是，一定要选择优质高产、生命力强、适合当地饲养的品种，千万不能因水土不服而造成损失。

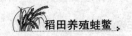

2. 鳖苗种的来源

鳖苗种的来源主要有两个方面，即从专业户批量购买的小鳖苗和从市场购买的大鳖苗和商品鳖。首先应分级暂养，按大小分别寄养于稻田的一角或分成小块的稻田里，待 10~15 天，适应新环境后，放入大的稻田里。另外，市场上买来的受伤的小鳖苗和商品鳖，要单独饲养到伤愈后再投放。

3. 选择合法、证照齐全的单位

要到有资质的正规良种单位去引种，不要通过来路不明的中间贩子引种。一个合法的供种单位应该证照齐全，否则其就不具备经营资格，我们建议在购种时一定要对这些证照进行验证。只有合法的供种单位，才能确保引进的鳖品种纯正。引种时最好到供种厂家的池子中直接捞取选购，不要引进种质不明、来路不清的品种，更不要引进假良种。

4. 选择有繁育场地的单位

选择能提供高产优质鳖苗种和技术支持的单位。这些单位都有较好的固定生产实验繁殖基地，而且形成了一定的规模，都有较多的品种和较大的数量群体。千万不要到没有繁育能力的养殖场所引种。引种前最好亲自到引种单位去考察摸底，引种时最好到供种厂家的池子中直接捞取选购，以免购进不好的鳖苗种。

5. 选择技术有保证的单位

选择有完善的售后服务的供种单位。这些售后服务包括购种中的不正常死亡、放养后的伤害和死亡、繁殖时雌雄搭配不当，都要能及时调换。同时还可以提供市场信息，进行相关的技术指导，只有这样的单位才是可以信赖的。

6. 苗种要健康

无论是哪里的品种，引进时一定要确保苗种的健康。在引种前进行抽检并做病原检疫。不能将病原带进自己的养殖场，对于那些处于发病状态的苗种，即使性能再优良，也不要引进。

7. 循序渐进地引种

如果不是本地苗种，而是从外地引进的新的地理品系，甚至是从国外引进的新品种，在初次引进时数量要少些，在引进后做一些隔离驯养和养殖观察，只有经过验证后发现确实有养殖优势的，再大量引进。如果发现引进的品种不适应当地的养殖环境，或者说引进的品种根本没有养殖优势，就不要再盲目引进了。

8. 尽量选择本地品种

在鳖养殖服务过程中，我们发现养殖优势最明显的还是适应本地环境的本地品种。这是因为这些品种都是在本地域生态环境中长期适应进化的最优品种，它们对本地环境、温度及天然饵料的适应性，都要比其他外来的品种有优势。另外，它们对本地养殖过程中发生的病害的抵抗能力、后代的繁殖和本身形态体色的稳定性，都具有任何外来品种无法比拟的优势。最明显的一个例子就是引进的泰国鳖，在泰国当地可以自然越冬，而在我国只能在温室中养殖，不能在野外进行自然越冬养殖（华南地区除外）。再如，日本鳖虽然在生长速度上要比我国特产中华鳖的本地土著品种有明显的优势，但是它对水生环境的适应性比较特殊，目前仍然是影响我国许多地区日本鳖成活率的一个致命因素。

9. 选购鳖的最佳时间

选购鳖的时间是有讲究的，一般不宜在秋末、初冬或初春。因为这个时候的鳖处于将要冬眠和冬眠的初醒状态，它的体质和进食情况不易掌握，成活率低。根据许多鳖养殖专家的经验，选购鳖的时间宜在每年的5—9月，此时有部分稚鳖刚出壳，冬眠的鳖也已苏醒，所有的鳖正处于生长阶段，活动比较正常，而且活动量大，能主动进食，对温度、气候都非常适应。购买时可以很好地观察到鳖的健康状况，便于挑选，容易区分患病鳖。如果这时能买到合适的鳖，是非常容易饲养的，而且对温度、气候、环境的适应能力都很强。

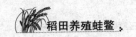

二、选购健康的鳖

1. 看鳖的反应

应选择反应灵敏、两眼有神、眼球上无白点和分泌物、四肢有劲、用手拉扯时不易拉出的鳖，这些情形都是优质鳖的表现。

2. 看鳖的活动

鳖活动时头后部及四肢能伸缩自如，可用一硬筷子刺激鳖的头部，让它咬住，再一手拉筷子，以拉长它的颈部。另一手在颈部细摸，确保颈部腹面无针状异物；当把它的腹甲翻过来朝上放置时，它会很快翻转过来；在它爬行时，身体全被四肢支撑起行走，而不是身体拖着地爬，凡身体拖着地爬行的不宜选购。

3. 看鳖的进食与饮水

如果鳖能主动进食，会争食饵料，而且它们的粪便呈长条圆柱形、团状、深绿色，说明是优质鳖苗种。在选购鳖苗种时，可将鳖放入水中，若长时间漂浮在水面或身体倾斜，而不能自由地沉入水底，这样的鳖是有病的，不宜选购；另外还可将鳖放入浅水中，水位是鳖的背甲高度的一半，观察鳖是否饮水，若大量、长时间饮水，则为不健康的鳖。

4. 掂体重

用手掂量鳖的体重时，健康鳖放在手中是沉甸甸的较重的感觉，若感觉鳖体重较轻，则不宜选购。

5. 查看鳖的舌部

用硬物将鳖的嘴扒开，仔细查看它的舌部。健康的鳖，舌表面为粉红色且湿润，舌苔的表面有薄薄的白苔或薄黄苔；不健康的鳖，舌表面为白色、赤红、青色，舌苔厚，呈深黄、乳白或黑色。

6. 看鳖的鼻部

健康的鳖，鼻部干燥、无龟裂，口腔四周清洁、无黏液；不健康的鳖，鼻部有鼻液流出、四周潮湿，而患病严重的鳖，鼻孔会出血。

7. 看鳖的其他部位

主要是查看鳖的外表、体表是否有破损，四肢的鳞片是否有掉落，爪是否缺少，腋、胯窝处是否有寄生虫，肌肉是否饱满，皮下是否有气肿、浮肿。凡外形完整、无伤无病、肌肉肥厚、腹甲光泽、背胛肋骨模糊、裙厚且上翘、四腿粗且有劲、动作敏捷的为优等鳖；反之，为劣等鳖。

8. 看鳖的力量

抓住鳖，然后用力向外拉它的四肢，健康的鳖不易拉出、收缩有力。再用手抓住鳖的后腿胯窝处，如活动迅速、四脚乱蹬、凶猛有力的为优等鳖；如活动不灵活、四脚微动甚至不动的为劣等鳖。

第三节　稻田养鳖

稻田养鳖是一种动植物在同一生态环境下互生互利的养殖新技术，是一项稻田空间再利用措施，不占用其他土地资源，可节约鳖饲养成本，降低田间害虫危害及减少水稻用肥量，不但不影响水稻产量，还可以大大提高单位面积经济效益，有效地促进水稻丰收，鳖增产、高产高效，增加农民收入。它充分利用了稻田中的空间资源、光热资源、天然饵料资源，是种植业和养殖业有机结合的典范。

一、选择田块

适宜的田块是稻田养殖鳖高产高效的基本条件。要选择地势较洼、注排水方便、面积5~10亩的连片田块，放苗种前开挖好沟、溜，建好防逃设施。田间开几条水沟，供鳖栖息。夏、秋季

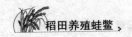

节，由于鳖的摄食量增大，残饵、排泄物过多，加上鳖的活动量大，沟、溜极易被堵塞，使沟、溜内的水位降低，影响鳖的生长发育。为此，在夏、秋季节应每 1～2 天疏通一次，确保沟宽40 厘米、深 30 厘米，溜深 60～80 厘米，沟面积占稻田总面积的20% 左右，并做到沟沟相通、沟溜相通。进出水口用铁丝网拦住。靠田中间建一个长 5 米、宽 1 米的产卵台，可用土堆成，田边做成 45°斜坡，台中间放上沙土，以利雌鳖产卵。土质以壤土、黏土，不易漏水地段为宜。

二、水源要保证

水源是鳖养殖的物质基础。要选择水源充足，水质良好、无污染，排灌方便，不易遭受洪涝侵害且旱季有水可供的地方进行稻田养鳖。一般选在沿湖、沿河两岸的低洼地、滩涂地或沿库下游的宜渔稻田。要求进排水有独立的渠道，与其他养殖区的水源要分开。

三、建好防逃设施

在稻田四周用厚实塑料膜围成高为 50～80 厘米的防逃墙。有条件的可用砖石筑矮墙，也可用石棉瓦等围成，原则上，只要鳖不能逃逸即可。

四、选好水稻品种

好品种是水稻丰收的保证。选择生长期较长、株形紧凑、茎秆粗壮、分蘖力中等、抗倒伏、抗病虫、耐湿性强、适性较强的水稻品种。常用的品种有汕优系列、武育粳系列、协优系列等。消毒后的种子要先用清水清洗，再用 10 ℃的清水浸种 5 天，每天换 1 次水，以便促进谷芽的快速萌发。育种通常采用水稻大棚育苗技术，待秧苗长到一定时间后，通常在每年 4 月底—5 月，可采用机插或人工移栽方式种植。

在养鳖的稻田里，水稻的种植密度与养殖的鳖的规格有密切关系。如果是养殖商品鳖的稻田，每亩插 6000 ~ 8000 丛，每丛 1 ~ 2 株，也就是说每亩可栽培 6000 ~ 16 000 株；如果是养殖稚鳖的稻田，每亩插 4000 ~ 5000 丛，每丛 1 ~ 2 株，也就是说每亩可栽培 4000 ~ 10 000 株；如果是养殖亲鳖的稻田，每亩插 3000 ~ 5000 丛，每丛 1 ~ 2 株，也就是说每亩可栽培 3000 ~ 10 000 株。

由于鳖的活动能力非常强，而且它自身的体重也比一般的蛙、虾要重得多，因此，养鳖稻田秧苗的栽插时间与行距也有一定的讲究。养鳖稻田秧苗的栽插时间和其他稻田一样，品种应选择抗病力强、产量高的杂交稻或粳稻品种。栽插时，株距 18 厘米，小行距 20 厘米，大行距以方便鳖在秧苗行距中爬行活动为标准。当水稻秧苗活棵后，田间水位应正常保持在 10 厘米左右，高温季节应加深至 12 厘米。

五、鳖的放养

1. 选好鳖苗种

根据当地的条件来选择合适自己养殖的鳖品种，当然了，苗种应选用经国家审定的新品种、优质良种。在我国大部分的水稻地区，建议放养中华鳖，不同地方还可以放养当地的地理品系；对于那些热带地区，可以选择放养泰国鳖。

2. 放养时间

亲鳖的放养时间为每年的 3—5 月，早于水稻插秧，应先限制鳖在沟坑中；幼鳖的放养时间为每年的 5—6 月，在插秧 20 天之后进行；稚鳖的放养时间为每年的 7—9 月，直接放养在稻田里。适宜投放的具体时间内选择气温在 25 ℃、水温在 22 ℃的晴天投放。同时，每亩可混养 1 千克的抱卵青虾或 2 万尾幼虾苗，也可混养 20 尾规格为 5 ~ 8 尾/千克的异育银鲫。要求选择健壮

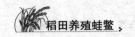

无病的鳖入田，避免患病鳖入田引发感染，因面积大，防治较困难。鳖的苗种入池时，应用3%～5%的食盐水浸洗消毒，减少外来病原菌的侵袭。在秧苗成活前，宜将鳖苗种放在鱼沟、鱼溜中暂养，待秧苗返青后，再放入稻田中饲养。

3. 放养规格和密度

根据稻田的生态环境，确定合理的放养密度。根据稻田养殖的生产实践表明，150克以上（一冬龄）的幼鳖每亩放养200～500只；50～150克的鳖每亩放养1300～2000只；4克以上的稚鳖每亩放养5000只以上；对于3龄以上的亲鳖，每亩的放养量为50～200只，少了效益差，多了技术难以跟上。由于太小的鳖苗对环境的适应能力不足，对自身的保护能力也不足，因此，建议个体太小的幼鳖最好不作为稻田养殖对象，可在温室里养殖一个冬季，到第二年4月再投放到稻田里。

投放前应做好稻田循环沟、投喂场、幼鳖消毒等工作，幼鳖要求无伤无病、体质健壮，且大小基本一致，以防因饲料短缺而互相残杀。

4. 放养技巧

鳖的放养要做好以下几点工作：一是要保证鳖苗种质量，即放养的小鳖要求体质健壮、无病无伤、无寄生虫附着，最好达到一定规格，确保能按时长到上市规格；二是做到适时放养，根据鳖的生活特性，鳖苗种一般在晚秋或早春，水温达到10～12 ℃时放养；三是合理放养密度，根据稻田的生态环境，确定合理的放养密度；四是放养前要注意消毒，可用5%的食盐水溶液消毒10分钟后再放入稻田里。

六、科学投饵

科学投饵是稻田生态养鳖的技术措施。稻田中有很多昆虫及水生小动物可供鳖摄食，其他的有机质和腐殖质也非常丰富。稻田中的天然饵料非常丰富，一般少量投饵便可满足鳖的摄食需要。投饵讲究"五定、四看"投饲技术，即定时、定点、定质、定量、定人，看天气、看水质变化、看鳖摄食及活动情况、看生长态势。投饵量采取"试差法"来确定，一般日投饵量控制在鳖体重的2%即可。可在稻田内预先投放一些田螺、泥鳅、虾等，这些动物可不断繁殖后代供鳖自由摄食，能节省更多饲料。还可在稻田内放养一些红萍、绿萍等小型水草供鳖食用。

七、日常管理

1. 安全度夏

夏、秋季节，由于稻田水体较浅、水温过高，加上鳖排泄物剧增，水质易污染并导致缺氧，稍有疏忽就会出现鳖的大批死亡，给稻田养鳖造成损失。因此，安全度夏是稻田养鳖的关键所在，也是保证鳖回捕率的前提。比较实用、有效的度夏技术有：

一是搭好"凉棚"。夏、秋季节，为防止水温过高影响鳖正常生长，田边可种植陆生经济作物，用以遮挡阳光，如豆角、丝瓜等。

二是沟中遍栽苦草、菹草、水花生等水草。

三是田面多投水浮莲、紫背浮萍等水生植物，既可作为鳖的饵料，又可起到遮阳避暑的作用。

四是勤换水，定期泼洒生石灰，用量为每亩5~10千克。

五是雨季来临时做好平水、缺口的护理工作，做到旱不干、涝不淹。

六是烤田时要采取"轻烤、慢搁"的原则，缓慢降水，做到既不影响鳖的生长，又要促进稻谷的有效分蘖。

七是在双季连作稻田间套养鳖时，头季稻收割适逢盛夏，收割后对水沟要遮阴，可就地取材把鲜稻草扎把后扒盖在沟边，以免烈日引起水温过高（超出42℃）而烫死鳖。

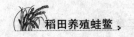

八是保持稻田水位。稻田水位的深浅直接关系到鳖生长速度的快慢。如水位过浅，易引起水温发生突变，导致鳖大批死亡。因此，稻田养鳖的水位要比一般稻田高出 10 厘米以上，并且每 2～3 天灌注新水 1 次，以保证水质的新鲜、爽活。

2. 科学治虫

科学治虫是减少病害传播、降低鳖非正常死亡的技术手段。由于鳖喜食田间昆虫、飞蛾等，因此，田间害虫甚少，只有稻秆上部叶面害虫有时会对鳖养殖造成危害。在防治水稻害虫时，应选用高效、低毒、低残留、对养殖对象没有伤害的农药，如杀虫脒、杀螟松、亚铵硫磷、敌百虫、杀虫双、井冈霉素、多菌灵、稻瘟净等高效低毒农药。在用药时应注意以下几点：

一是选取晴天使用。粉剂在早晨露水未干时使用，尽量使粉撒在稻叶表面而少落于水中；水剂在傍晚使用，要求尽量将农药喷洒在水稻叶面，以打湿稻叶为度。这样既可提高防治病虫效果，又能减轻药物对鳖的危害。

二是用药时水位降至田面以下，施药后立即进水，24 小时后将水彻底换去。

三是用药时最好分田块分期、分片施用，即一块田分 2 天施药。第一天施半块田，把鳖捞起并暂养在另一半田块后施药，二三天后，将鳖捞入施过药的半块田中，三四天后再施另半块田，减少农药对鳖的影响。

四是晴天中午、高温、闷热或连续阴天勿施药；雨天勿施，药物易流失，造成药物损失。

五是如有条件，可采用饵诱鳖上岸进入安全地带，也可先为鳖饲喂解毒药预防，再施药。

六是若因稻田病害严重蔓延，必须选用高毒农药，或因水稻需要根部治虫时，应降低田中水位，将鳖赶入沟、溜，并不断冲水对流，保持沟、溜水中充足的溶氧。

七是若因鳖个体大、数量多，沟、溜无法容纳时，可采取转移措施，主要做法是：将部分鳖转移到其他水体或用网箱暂养，待水稻病虫得到控制，并停止用药 2 天后，重新注入新水，再将鳖搬回原稻田饲养。

3. 科学施肥

科学施肥是提高稻谷产量的有效措施。养殖鳖的稻田施肥应遵循"基肥为主、追肥为辅，有机肥为主、化肥为辅"的原则。由于鳖活动有耘田除草作用，加上鳖自身的排泄物，另有萍类肥田，所以稻田养鳖的水稻施肥可以比常规的稻田少施 50% 左右。一般每亩施有机肥 300 ~ 500 千克，匀耕细耙后方可栽插禾苗；如用化肥，一般用量为每亩碳铵 15 ~ 20 千克、尿素 10 ~ 20 千克，过磷酸钙 20 ~ 30 千克。

4. 水位控制

水位可保持在田间板面水深 3 ~ 10 厘米，原则上不干、沟内有水即可。

5. 防病

在稻田中养殖鳖，由于密度低，一般病害较少。为了预防疾病，可每半月在饲料中拌入中草药防治肠胃炎，如铁苋菜、马齿苋、地锦草等。

6. 越冬

每年秋收后，可起捕出售，也可转入池内或室内饲养，让鳖越冬。

八、稻田养鳖的成本与利润

不少农民朋友知道稻田养鳖的好处，也知道有利可图，但是把握不了投资额，在这里，笔者根据安徽省的稻田养鳖情况给大家做个成本概算。本书是按 5 亩为一个单元计算，只计算养殖鳖的成本，并没有计算水稻栽种的成本，仅供参考。

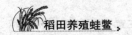

1. 稻田建设成本概算

（1）防盗、防逃设施成本费用。主要采用铝塑网片、彩钢瓦片、石棉瓦、加厚塑料膜、砖砌等不同材料建设防逃设施。不同的材料价格肯定是不一样的，这里就采用我们经常用的一种防逃设施。一般较经济型的用铝塑网片，防盗网为2米高，而防逃网为1米高就可以了，上口向内弯成90°，每个单元约需250米，单价为4元，成本大致为250米×4元/米 = 1000元。

（2）开挖田间沟的土方。300平方米×0.50米（深）= 150立方米，150立方米×15元/立方米 = 2250元。

（3）饵料台、进排水管、田间道路等其他设施约1000元。

共计一次性投资成本（含人工费）约5000元，分摊到每亩建设成本约1000元。

2. 投放成本与养殖成本

（1）苗种。平均重量500克左右的鳖，均价40元/千克，100只/亩（技术成熟可投放200～300只）计2000元/亩。

（2）饲料及防治成本。根据天气、水温情况确定投放时间，养殖周期为每年6—10月中旬，160天左右。如果投喂颗粒饲料，那么平均每只鳖投喂饲料约0.65千克，饲料价格为16元/千克；如果投喂田螺、其他杂鱼、冰鲜鱼及肉类饲料，那么平均每只鳖投喂饲料约0.85千克，饲料平均价格为8元/千克；如果投喂部分颗粒饲料，再辅以部分冰鲜鱼或田螺等饲料，那么饲料的平均价格为11元/千克左右。经过一个季节的生长，每只鳖平均增重0.3～0.35千克，均重约0.825千克，饲料成本每亩约1000元，分摊到每只鳖均10元。

（3）水电、药品等费用每亩约100元。

3. 总成本

根据上述成本核算，一亩稻田养殖鳖的总成本合计：基建（稻田建设）1000元 + 苗种2000元 + 饲料1000元 + 水电药品

100 元 =4100 元/亩；再加上其他一些不可预见性费用 200 元，利用稻田养殖鳖的总成本为 4300 元/亩。

4. 收入

根据测算，稻田养殖的鳖每只平均规格可达 0.825 千克，成活率平均为 90% ~ 95%（以 92% 计算），每亩平均产鳖 76 千克，销售价格 90 元/千克。总收入为 76 千克×90 元/千克 =6840 元。

5. 利润

根据测算，稻田养殖鳖的平均利润估计为 6840 元 − 4300 元 = 2540 元。基本上能做到当年收回投入，并且每亩利润达 2500 元左右。

第四节　稻田养鳖的模式与典型案例

这是国家水产技术总站在进行稻田综合种养培训时的典型案例资料，是采用湖北省的鳖虾鱼稻共作技术模式与典型案例进行分析的。

一、模式概述

在原有稻田养鳖技术基础上，通过选用不需晒田、抗倒伏、抗病虫害、产量高的优质水稻品种和主养中华鳖，配养小龙虾及放养滤食性鱼类改善水质，达到鳖虾鱼稻共生互利、立体循环、生物防控、节能环保，实现稻田"三高"（高产、高质、高效）和"一水两用，一地双收"。

二、模式简介

1. 稻田条件

稻田要求环境安静、交通便利、地势平坦、通风向阳；水源

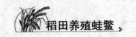

充足、水质优良、附近无污染源，旱不干、雨不涝、排灌自如；田埂结实坚固、不渗漏水；底质为壤土，田底淤而不深。

2. 稻田改造与准备

（1）开挖环沟。苗种放养前，对稻田进行改造与建设，主要包括开挖环沟，加高、加宽田埂，完善进排水系统等。

（2）建立防逃墙。在四周田埂上人工安置石棉瓦防逃墙。

（3）设置晒台、饵料台。晒背是鳖的特性，因此，稻田内必须设置晒台。晒台和饵料台合二为一。

（4）消毒。环沟挖成后，在苗种投放前用生石灰带水消毒1次。

（5）环沟布置。在环沟内移栽轮叶黑藻、水花生等水生植物。清明前后，向环沟内投放活螺蛳，可净化稻田水质，并为鳖、虾提供天然饵料。

3. 水稻栽插

选择抗病虫害、抗倒伏、耐肥性强、可深灌的紧穗型水稻品种。

4. 苗种投放

选用纯正的中华鳖，该品种生长快、抗病力强、品质佳、经济价值较高。小龙虾投放时间：亲虾上一年的8—10月，幼虾当年的3—4月。苗种放养时都需进行消毒处理。

5. 饵料来源和投喂

稻田中养殖鳖的饵料主要来源于两个方面：一是稻田中投放的活螺蛳、捕剩的小龙虾及放养的小型鱼类等天然饵料；二是人工投喂的饵料。鳖为偏肉食性的杂食性动物，人工投喂时，要以动物性饵料为主。

6. 日常管理

包括水位控制与水质调控、水稻管理与晒田及坚持巡田等日常管理措施。

7. 鳖虾捕捞

每年3—4月放养的幼虾，经过2个月的饲养，部分小龙虾能够达到商品规格。将达到商品规格的小龙虾捕捞上市出售，未达到规格的继续留在稻田内养殖。小龙虾捕捞的方法是用虾笼和地笼网捕捉。鳖种下池后禁捕小龙虾，未捕尽的小龙虾留作鳖的饵料。待11月中旬以后，采用地笼和抽干田水法将鳖捕捞上市。

三、养殖案例

湖北省赤壁市车埠镇芙蓉村十组廖家庄村民吴某，2012年鳖虾鱼稻养殖面积为48亩，取得亩利润9848元，养殖结果如表3-1至表3-3所示。

表3-1　鳖虾鱼稻共作投放种情况

品种	时间	规格/ [克/尾(只)]	数量/ [尾(只)]	亩平均 产量/(千克)
中华鳖	2012-06-18	400~600	1600	33.2
小龙虾	2011-10	25~35	500	10.4
鲫鱼	2012-06-24	50	400	8.3
水稻	2012-07	—	86	1.8

表3-2　鳖虾鱼稻共作收获情况

品种	总产量/ (千克)	平均规格/ [克/尾(只)]	亩产量 /(千克)	数量/ [尾(只)]	成活率/ (%)
中华鳖	4185	1050	87	3986	99.6
小龙虾	2296	35	47.8	—	—
水稻	21840	—	455	—	—

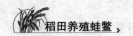

表3-3　鳖虾鱼稻共作经济效益

项目	品种	金额/（元）	合计金额/（元）
收入/元	中华鳖	669 600	789 789
	小龙虾	74 325	
	稻谷	45 864	
开支/元	基建（沟溜、防逃、哨棚、水电等）	45 300	317 100
	田租	6000	
	鳖种	121 600	
	虾种	12 000	
	鱼种	1600	
	稻种	1600	
	工资（耕作、插秧收割、管理等）	45 000	
	饵料	84 000	
总利润/（元）			472 689
亩利润/（元）			9848

第四章　蛙的稻田养殖

稻田养蛙是利用稻田进行蛙类养殖的一种方式，它是一种半精养的方式，可有效防止水稻病害，减少农药的使用量。其技术参数主要包括以下几点：

一是选择合适的稻田，可选择僻静、水源方便的田块。

二是做好稻田的田间工程，在稻田中开挖宽2米、深1米的田头沟，再在稻田内开挖宽窄相间的若干条田间小沟，宽沟的沟深为60厘米，窄沟为30厘米，要求沟沟相通。

三是做好防逃设施，在稻田四周用石棉瓦建好防逃设施。

四是合理放养密度，每亩放养规格大小一致的幼蛙2000～2500只，还可搭配少量的青虾混养。

五是饵料投喂，在稻田中进行经济蛙类养殖时，主要投喂蚯蚓、蝇蛆等动物性活饵料；另外，为丰富食物来源，可在田埂上挂灯诱虫。

六是做好晒田和稻田施药、施肥工作。

第一节　蛙的引种

一、引种的意义

引种就是引进良种。所谓的良种，就是在一定地区和养殖条件下，在当地经2年以上正规养殖，养殖效果表现明显优于其他

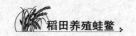

品种，同时也符合生产发展要求，具有较高经济价值的蛙类品种。蛙的良种一般都具有高产性、稳产性、优质性、抗逆性强和广适性几个明显的优点。

选择一个好的良种，对于蛙类养殖户来说，具有非常重要的意义。

一是良种能有效地提高养殖场的单位面积产量：使用生产潜力高的良种，可以增产15%～20%。例如，经过选育的美国青蛙要比没经过选育的牛蛙增产20%以上，这就是良种的优势。

二是能有效地改进蛙的品质：品质好的蛙，不但产肉率高、生长快，而且口感好，市场认可度高，对于提高经济效益是非常有帮助的。

三是良种一般都是经过多次筛选的好品种：它们对常发的病虫害和不良环境都具有较强的抵抗能力或耐性，可以保持单位面积产量稳定和商品蛙的品质稳定。

四是良种具有较强的适应性：它能适应稻田、池塘、河沟、沼泽地、湖泊、水泥池、网箱、庭院等各种养殖水域，另外在蔬菜地里、果园下面、棉花地里等陆地上也能进行套养、混养。这对发展蛙类养殖业，提高蛙类的产量，拓展蛙类的养殖方式，提高养殖场的经济和社会效益，增加农民收益才是有意义的。

五是良种对健壮苗种有很大的促进作用：俗话说"虎父无弱子"，良种是壮苗的基础，壮苗是良种的一种外在、具体的表现形式。没有良种就不可能有壮苗，没有壮苗，也就无法提高单位面积产量和养殖效益。

二、蛙引种的阶段

经济蛙类的引种是分阶段的，不同阶段引进的苗种质量是有一定差别的，具体表现在养殖过程中的成活率，因此我们必须要了解蛙类引种的不同阶段及它们的特点和注意事项。

1. 种蛙

种蛙也就是我们通常所说的亲蛙，就是说蛙在引进回来后就可以直接产卵，或者经过简单的强化培育后，种蛙就可以抱对、交配、产卵了。引种时主要以引进种蛙的方式是比较好的。这是因为种蛙的个体比较大，健壮无伤有活力，而且种蛙的繁殖率高，只要管理得当，提高受精卵的孵化率，一只蛙就可以孵化出两万尾左右的幼蛙。因此引进种蛙是目前引种最常用的方式，当然每只亲蛙的价格也是最高的。

2. 受精卵

受精卵也可以引进来进行养殖，但是这种引种的方式现在已经不多见了。主要原因有两个：一是运输不易；二是经过运输后的受精卵孵化率很低，而且死卵和畸形卵的比例较高。从理论上说将受精卵引回来是可以的，但在生产实践上用得不多。如果一定要引进受精卵时，要注意查看，要求卵的外表是很光滑的，每尾亲蛙产的卵都是通过黏液相互粘连在一起的，形成一个整体，如果发现受精卵破损严重或者分离严重，那就不要引进了。

3. 蝌蚪

蝌蚪是蛙类苗种引进的另一个主要方式。由于蝌蚪体小纤弱，喜欢游泳，爱集群及顶风逆流，食饵范围较狭窄，取食能力低，对环境改变的适应和抵御敌害的能力差，这一时期是蛙类整个生长阶段的最薄弱环节，往往会在这一时期出现大量死亡的现象，因此在引种时一定要注意。

为了有效地提高蝌蚪引进后的成活率，我们建议先将刚孵出的蝌蚪培养20天左右再引种，经过培育的蝌蚪已经具有了一定的生活、活动及防御敌害的能力，引种后的成活率将会大大提高。

要注意的是，正处于变态期的蝌蚪是不能运输的，因此，当大部分蝌蚪处于变态时期，就不要再引种了。

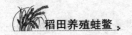

4. 幼蛙

蝌蚪经过变态后变成幼蛙。由于幼蛙的个体较大、成活率较高，引种后的倍增系数也是最大的，因此，有许多养殖户在第1年喜欢购买幼蛙回来进行养殖，这种思路是对的。如果技术到位，幼蛙个体也较大，而且温度能得到保证，可以达到当年就能上市的效果。

如果养殖场全部引进幼蛙，那么养殖成本会上升很多，这种投资一定要在养殖前考虑好。

三、蛙引种时要防"李鬼"

近几年来，丰厚的利润回报，促使特种养殖（如蛙类）在我国的蓬勃发展，但随之而来的"李鬼"，往往给一些渴望发财致富又不懂技术的农民养殖户上了一堂生动的"假冒伪劣良种"坑人课，不但使广大养殖户深受其害，而且给蛙类养殖业的健康持续发展带来严重的负面影响。笔者根据多年的生活、生产经验，将当前存在的多种"李鬼"列出来，供大家参考。如果养殖户遇到相关情况，可立即向有关部门（如消费者协会）或相关职能部门投诉，索取赔偿，情节严重、损失惨重、影响恶劣的，可以诉至法庭，将"李鬼"绳之以法。

1. 假单位

一些个体投机者往往租借某些县（市）科技大楼（厦），大打各种招牌广告，如某某蛙类科技公司、某某美蛙有限责任公司、某某林蛙繁育基地等。由于这些投机者一方面借"名"生财，租借政府部门的科技楼作为办公地点，更具有隐蔽性和欺骗性，往往给养殖户带来一种假象："那是政府办的，假不了！"大大损害了政府部门的形象，也大大伤害了农民兄弟的致富心情；另外，由于这些地方交通便利、易寻，因而上当的人也就特别多。其实，这些皮包公司根本没有蛙类的试验场地和养殖基地，仅租借几间办公室、几张办公桌、一部电话，故意摆些图片、画册、宣传材料来迷惑客户。一旦部分精明的客户提出到现场（或养殖基地）参观访问，他们往往推诿时间太紧、人手不够或养殖基地太远、不太方便，或者他们就带你到某一私人的牛蛙养殖场，东点点、西指指，俨然他是这里的大老板，更有甚者，一旦进入他的势力范围，立马变脸，不"放点血"别想走人。

2. 假广告

近几年来，关于特种养殖业方面的广告报纸泛滥成灾，是顽固的"牛皮癣"。这些广告形形色色，各地都有，主要来自湖北的武汉、湖南的湘潭、河南、浙江等地的部分"高新科技公司"。他们自编小报，到处邮寄，相当部分内容自吹自擂、言不由衷、水分极大。笔者2年来共收到200多份广告报纸，有的内容一点不变，如"我养美国蛙，抱个金娃娃"；有的内容雷同，仅将题目或单位变了一下，例如，有几家报纸同时刊登某国家领导人为他们题的词，这些题词一样的笔迹，一样的题名，同时题给几家公司，岂非咄咄怪事！

3. 假品种

有不少不法商人为了牟取暴利，以次充好，利用养殖户求富心切，对特种养殖业的品种、质量认识不足且养殖水平较低的情况，趁机把劣质品种改名换姓为优良品种，或将商品充当苗种让养殖户引种，大肆出售且高价出售，给养殖造成极大的经济损失。例如，相当一部分投机者将市场上的商品蛙回收，充当美国蛙的种蛙高价出售。

4. 假技术

一般而言，这些"李鬼"是由几个人拼凑而成的，或为进城打工的青年农民，或为部分"混混"。他们根本不懂专业技术，更谈不上有专业人才及优秀的大学毕业生作为其技术后盾，不可能提供实用的种养殖技术。他们的技术资料都是从各类专业

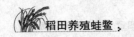

杂志或书籍上拼凑、摘抄的，胡吹乱侃，胡编乱造，目的是倒种卖种，进行高价炒作苗种。

5. 假效益

一些小报为了扩大影响，利用农民急需致富的心理，用高利吊起养殖户发财的胃口，大打算盘账，甚至算出"养殖1亩牛蛙就可以收益20万元"的闹剧。请看这些小报上的"如意算盘"：

"1亩田水面放养4万尾蝌蚪，成活率为80%，商品蛙每只重0.4千克，每千克售价18元，总收入为230 400元，然后减去50对种蛙费12 000元，饲料费10 000元，场地建设费、人员工资及防逃费5000元，获纯利203 400元"。要知道，这是一种理想的计算方法，是一笔没有任何依据的糊涂账，目的很明显，就是为了多卖种、多赚钱。别忘了，他们收购的成蛙价格为20～40元/对，转手就让你掏出血汗钱（260元/对），有不少单位还算"仁慈"，"优惠"供应230元/对。

实际上，从科学的养殖角度来算这笔账，方法是这样的：1亩地的水面最多可放养2万尾蝌蚪，成活率仅为50%，当年养成的商品蛙每只重为0.2千克左右，售价为12～16元/千克，总收入为30 000元。其中，场地费用1000元，引种费用720元（2万只蝌蚪仅需3对优良种蛙即可解决问题），饲料费用10 000元，当年获毛利10 000元。不过得告诉你，这种算法虽然比较客观，但还是相当粗糙，因为一般养殖户不可能达到这种养殖水平。

6. 应对策略

首先是政府部位要加强自律：部分机关不能过分地强调小单位的经济利益，尤其是现在许多乡镇农技机构经过多次体制改革后，自主经营、自负盈亏的经营方式，有时让他们对这些蝇头小利趋之若鹜。他们除了经营农资、农具外，还被那些打着"为民服务、为技术服务"幌子的骗子所利用，结果骗子们利用朴实的老百姓对政府科技部门和农技部门的信任，大肆行骗，因此，这些农技部门一定要认清他们的真实面目。农技工作者除了真正要为老百姓提供有用的信息、有价值的新产品、新技术外，还要加强自身的学习，减少被利用的机会。

其次是执法部门要加大打击力度：相关执法部门一定要加大对这些坑农、害农的骗子的打击力度，让他们成为过街老鼠、无处藏身，让他们没有立足之地，无法欺骗质朴的老百姓。

再次是多向科技人员请教：在遇到"快发财、发大财"的信息时，要保持清醒的头脑，冷静分析，切莫轻信"李鬼"一面之词，应到相关职能部门深入了解，尤其是苗种的来源，牛蛙与美国青蛙、虎纹蛙与棘胸蛙的区别，成品的销售，养殖关键技术等问题多向科技人员请教。特别注意要对信息中的那些夸大数字进行科学甄别，要根据科技人员的意见，做出正确的规划方案，保证方案切实可行后再引种也不迟。

最后就是要加强维权意识：在购买苗种时，一定要注意苗种的鉴别，防止以次充好、以假乱真；在选择供种单位时，应谨慎行事，到熟悉的单位引种，同时向供种单位索要并保留各种原始材料，如宣传材料、发票、相关证书及其他相关说明。一旦发现上当受骗，要立即向相关部门举报，积极维权。

第二节　蝌蚪在稻田里的饲养

一、蝌蚪的捕捞与运输

蝌蚪在引入前是需要运输的，即使是本场培育的蝌蚪，也需要通过捕捉和运输转移到不同的稻田里。

捕捞蝌蚪时，如果是大面积捕捞可用鱼苗网，少量捕捞就用

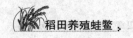

窗纱。蝌蚪运输可用尼龙袋充氧运输，尼龙袋的规格一般为
90 厘米长，50 厘米宽。装运时先装 1/3 水，然后装进蝌蚪，并
立即充加氧气，扎紧袋口，外面再用同样的尼龙袋套一层，同样
也要扎紧，最后将尼龙袋装进纸盒中，以防袋子受损破裂。装运
的密度为每千克水可装载 3～5 厘米长的蝌蚪 100 尾。1 厘米左右
的蝌蚪，运输成活率较低，另外，正处于变态期间的蝌蚪，因为
生活习性的改变，不宜装运。

二、蝌蚪的放养

蝌蚪的放养可分两种情况，一种情况是 5 月繁育的，另一种
情况是在 6 月 15 日以后繁育的。

第一批繁育的蝌蚪应进行强化培育，力争在越冬前全部变态
成幼蛙，而且幼蛙的体重能达到 75～100 克。因此要以稀放为
宜，主要是在稻田里的田间沟里饲养，每平方米可放养蝌蚪
800～1000 尾。10 天后，随着个体长大及摄食能力增强，密度应
逐步降低，一般每平方米放养 300～400 尾。30 天后至变态前，
每平方米放养 100～200 尾。

第二批繁育的蝌蚪经过正常培育，80%左右也能在当年越冬
前变态成为幼蛙。但是它们在变态后，由于气温降低，几乎很少
摄食，导致个体偏小、体质虚弱，越冬死亡率很高。因此在生产
上通常是采用密度控制法来控制蝌蚪的生长与变态，不让它们在
当年变态成幼蛙，而是让它们仍以蝌蚪的形式越冬，第二年春末
夏初再变态为幼蛙。因此，密度就需要大，也是主要在稻田的田
间沟里放养，每平方米可放养蝌蚪 2000～2500 尾，到第二年清
明前后进行 1 次分养，每平方米放养 200～300 尾。

蝌蚪放养时要注意以下几点：一是蝌蚪放养前用 3%～4%
的食盐水溶液浸浴 15～20 分钟，或 5～7 毫克/升的硫酸铜、硫
酸亚铁合剂（5:2）浸浴 5～10 分钟；二是稻田的温度与运输容

器的温度差不要超过 3 ℃；三是蝌蚪质量要求规格整齐，无伤、无疾病，体质健壮，能逆水游动，离水后跳动有力；四是放养蝌蚪时的动作要轻，不要碰伤蝌蚪；五是在放养时，要将容器轻轻地斜放入稻田的浅水区，此时稻田的田面上要保持 10 厘米左右的水位，然后让蝌蚪自行游入稻田和田间沟中。

三、蝌蚪的投喂

孵化后的前 6 天，蝌蚪主要靠体内卵黄囊提供营养，6 天后随着卵黄囊消失，开始摄食浮游生物和人工饵料。因此在蝌蚪培育前先施肥，培育浮游生物，来解决蝌蚪开口饵料，能提高蝌蚪成活率。每亩施粪肥 300 千克或绿肥 400 千克。有机肥须经发酵腐熟并由 1% ~2% 生石灰消毒，培育前期，保持水深约 50 厘米。

蝌蚪的开口饵料可以用蛋黄，其他阶段可以投喂人工饵料，主要有田螺肉、鱼肉、动物内脏、水蚤、豆饼、米糠等。孵化出膜 3 天后，首天每万尾蝌蚪投喂一个熟蛋黄，第二天再稍增加些，7 日龄后日投喂量为每万尾蝌蚪 100 克黄豆浆；15 日龄后，逐步投喂豆渣、麸皮、鱼粉、鱼糜、配合饲料等，日投喂量每万尾蝌蚪为 400 ~700 克，其中，动物性饵料占 70%；30 日龄后至变态前，日投喂量每万尾蝌蚪为 600 ~800 克，其中，动物性饵料占 45%。粉状饲料要煮熟后搓成团投喂，鱼肉、鱼肠等要切碎。投饵次数一般为每天 1 ~2 次，投饵时间为 9—10 时和 16—17 时，每次投喂后以 3 小时内吃完为宜。蝌蚪投喂也要在培育池中搭设饵料台，一般每 4000 尾蝌蚪搭一个饵料台。将饲料放在饵料台上，既减少饵料的散失，又能及时检查蝌蚪的吃食情况。

在投饵时还要注意：饵料必须新鲜、清洁、多样化，投饵应根据外界环境条件、蝌蚪生育期及健康状况而相应改变，有雷阵雨时要少投或不投饵；早晨蝌蚪浮头特别严重，甚至出现个别蝌蚪死亡现象时，要控制投饵。

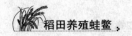

四、蝌蚪的管理工作

1. 保持适宜的水温

蝌蚪要求的适宜水温是 26~30 ℃，变态适宜水温为 23~32 ℃。盛暑高温要搭设凉棚，适当加深水位，勤换新水。

2. 经常换注新水

培育过程中每 3~5 天换水 1 次，每次 10~15 厘米。换水时水温差不能超过 3 ℃。每天要定时清洗食台。

3. 提高变态率

蝌蚪经 80~110 天培育变成幼蛙，变态前这一阶段死亡率较高，因此要加强管理。在蝌蚪变态早期适量增加动物性饵料，促进变态，而当尾部吸收消失时，需及时减少投饵，并渐渐停止投喂，保持环境安静，努力提高变态期蝌蚪成活率。

4. 及时杀灭敌害

肉食性鱼类、蜻蜓幼虫、水蛇、龙虱幼虫等均会吞食幼蛙和蝌蚪，一旦发现，要及时杀灭。

5. 其他管理工作

定期巡池，做好记录，经常保持田水清洁卫生，做好蝌蚪的病虫害防治工作，认真做好蝌蚪饵料的养殖与加工工作，及时处理蝌蚪严重浮头现象，及时做好分田疏密养殖工作，保持适宜的放养密度，做好蝌蚪越冬管理工作。

第三节　幼蛙在稻田里的饲养

蝌蚪经过变态后就变成了幼蛙。养好幼蛙能为商品蛙提供良好的苗种，因此必须重视幼蛙的饲养。

一、幼蛙的放养

幼蛙由于个体小，喜欢集群生活，因此放养密度宜高不宜低。在稻田里放养时，每平方米（按田间沟的面积计算）可放养变态后 30 日龄以内的幼蛙 200 只左右，放养变态后 30 日龄以上的幼蛙 100～150 只。

幼蛙放养时要注意以下几点：一是要用 3%～4% 的食盐水溶液浸浴 15～20 分钟，或 5～7 毫克/升的硫酸铜、硫酸亚铁合剂（5:2）浸浴 5～10 分钟；二是稻田的温度与分养前的池子里的温度差不要超过 3 ℃；三是幼蛙的质量要求规格整齐、体质健壮、体表无伤痕、无疾病、无畸形、身体富有光泽，用手提它时，挣扎有力，放在地上后跳动有力；四是放养幼蛙时的动作要轻，不要碰伤幼蛙；五是在放养时，要将容器轻轻地斜放入稻田的田面上，让幼蛙自行跳入田间沟中。

二、幼蛙的饲料

幼蛙饲料有直接饲料和间接饲料两大类。直接饲料就是直接给蛙吞食的各种活体饲料，主要有摇蚊幼虫、黄粉虫、蝇蛆、蚯蚓、水蚯蚓、蜗牛、飞蛾、小鱼、小虾等；间接饲料就是各种死饲料，主要有蚕蛹、猪肺、猪肝、鸡鸭内脏、碎肉、死鱼块等，它们通常被做成颗粒饲料供幼蛙摄食。人工配合的颗粒饲料也是死饲料，也是间接饲料的一种。

三、死饵的驯食

幼蛙自变态之后，在自然界就是以各种活饵料为食，不吃死饵。小规模养殖经济蛙类时，只要条件适合，基本上是能满足幼蛙的活饵需求的，也能省下一大笔饵料钱。但是进行人工大规模稻田养殖时，自己培育或捕捉的活虫等天然饲料无法解决所有蛙

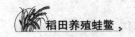

的饲料问题，这时就需人工解决这个问题。解决的最有效方法就是让蛙吃人工配合饲料等死饵，但是幼蛙自己是不会主动吃这些死饵的，怎么办呢？这就涉及死饵的驯食问题。只要驯食成功了，幼蛙的饲养密度就可以增加，单位体积的养殖效益也能大大增加；更重要的是，从刚变态的幼蛙就开始驯食，以后成蛙的养殖、亲蛙的养殖就都很方便了。因此，在蛙类的养殖过程中，从幼蛙就要开始驯食，这是一个非常关键的技术措施。

幼蛙的驯食首先需要一个固定的场所，这个场所就是蛙的饵料台，可以利用当地的资源，自己制作。至于幼蛙的驯食技巧，主要有拌虫、活鱼、抛投食物、滴水和震动等多种驯食方式，这一内容在后面将有详细叙述，在此不再赘述。

四、幼蛙的投喂

幼蛙的投喂要坚持几个原则：

一是必须进行科学的驯食，让幼蛙养成吃死饵的好习惯。

二是驯食时的活饵要鲜活，不能腐烂；饲料的配方要科学，各种营养要丰富，也不能有霉变现象。

三是幼蛙的食欲十分旺盛，应采取少量多次的投喂原则，让它们吃好、吃饱。

四是投饲时要坚持"四定"投饲技术。

五是当幼蛙移养到一个新的稻田环境时，由于它们一时对稻田环境不适应，会躲在秧苗处或蛙巢内，很少出来活动，有时也不取食。一旦遇到这种情况，就要立即采取果断措施促进幼蛙的捕食，可从两个方面入手：①增加活饲料的投喂量，刺激幼蛙的捕食欲望，待其正常摄食后，再进行专门的驯食；②将不吃食的幼蛙捉住，用木片或竹片强行撬开它的口，将蚯蚓、黄粉虫等填塞进口，促进开食。

五、幼蛙的管理

1. 防止高温

蛙是变温动物，自身对温度的调节能力非常弱，加上幼蛙的体质比成蛙更脆弱，因此幼蛙特别惧怕日晒和高温干燥。适宜幼蛙生长的温度为 23~28 ℃，当幼蛙在温度长期高于 30 ℃或短时间处于 35 ℃的高温干燥的空气中暴晒 0.5 小时，就会出现严重的不适反应，如食欲减退，会导致生长停止，甚至会被热死。

幼蛙在高温环境下热死的原因主要有两点，一是高热反应，导致幼蛙体内的新陈代谢严重失衡，造成死亡；二是高温的环境一般湿度都较低，这时幼蛙会因严重脱水而死亡。因此，在夏季的一个主要管理工作就是要防止高温，采取适当措施来降低温度，使池内水温控制在 30 ℃以下，保证蛙的正常生活和生长。这些措施包括以下几点：

一是及时更换部分田水，可以每 5 天左右更换 1 次田水，更换量为 1/3 左右，要注意的是新水与原来水的温差不要超过 3 ℃。

二是创造条件，使稻田里的水保持缓慢流动的状态。

三是在田间沟靠近田埂的一侧搭设遮阴棚，可以用芦苇席、木架、竹帘子等作为搭建材料。遮阴棚的面积宜大一点，要比饵料台大 2~3 倍、高 1 米以上，防止幼蛙借助遮阴棚攀爬逃跑。这种方式既能有效地降低田间沟的水温，又能通风通气，效果是比较理想的。

四是种植经济农作物，可以在田间沟靠近田埂的一侧种植一些经济作物，这些经济作物最好具有较强的攀缘性能，如葡萄、丝瓜、豇豆、南瓜、扁豆等长藤植物或玉米、向日葵等高秆植物。这种做法既能为幼蛙遮阴，又能收获经济作物，是一种典型的动植物相结合的种养方式。

五是对稻田而言，如果高温时秧苗很小，可以采取以上几种

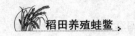

方法。如果秧苗很壮、很大了，可以在喂饵时将部分饵料投在秧苗里，让蛙自己钻到秧苗里捕食，也能达到使其躲避高温的目的。

2. 保持养殖环境的清洁

保持养殖环境的清洁，是预防蛙类疾病的重要措施之一，通常要做好以下工作：

一是及时清除残饵。在稻田里养蛙，虽然有稻田里的活饵料供应，可以不投喂饵料，但不投饵料，蛙的产量就非常低，养殖效益也差。因此为了确保稻田养殖的效益，还是建议做好投喂工作。在人工投喂的稻田养殖条件下，蛙的吃食量大，养殖管理人员投喂给它们的饵料多，没吃完的残存饵料也多，因此要经常清扫饵料台上的剩余残饵，同时洗刷饵料台。

二是及时消毒饵料台。在晴天，可将洗刷干净的饵料台拿到田埂上，让饵料台接受阳光暴晒3小时后，再放回田间沟内；在重新安放时，有一个小技巧，最好是每次将饵料台的位置向一侧移动2米。如果在清洁饵料台时遇到连续阴雨天，那么就可以将洗刷干净的饵料台放在石灰水中浸泡1小时，再捞起用洁净的清水冲洗2次，晾干后放回田间沟内；安放饵料台的技巧同上文，这样就可以彻底杀灭黏附在饵料台上的病原体。

三是保持田间沟里的水质清洁。每天多巡田几次，发现稻田内有病蛙、死蛙及其他腐烂物质时，一定要及时捞出，病蛙要及时对症治疗，死蛙要在查明病情后及时掩埋。另外，一旦发现幼蛙所在田间沟里的水或稻田的水发臭变黑，则应立即灌注新水，换掉黑水臭水，保持田水的清洁。

3. 及时分养

分养就是按蛙体大小适时分级、分田饲养。在人工高密度饲养下，幼蛙的生长往往不一。由于蛙的密度大，幼蛙饲养一个阶段后，因为饵料投喂不匀及个体间体质强弱的差异，会出现个体大小不一的现象，有时这种差异很悬殊。例如，同期孵出、同期变态的幼蛙，经 2 个月饲养，大的个体可达 120 克左右，小的个体还不到 25 克。由于一些蛙有"大吃小"的恶习，所以要及时按大小进行分田饲养，以提高蛙的成活率。

另外，对蛙进行及时分养，经常将生长快的大蛙拣出，有利于蛙的摄食和生长，促进同一块稻田里饲养的幼蛙生长同步、大小匀称，也能避免弱肉强食、大蛙吞吃小蛙现象的发生。

分养时，养殖的数量与蛙的规格是有密切关系的。例如，一块稻田若蛙的规格为 25 ~ 50 克，在田间沟里每平方米放养 60 ~ 80 只；当规格达到 100 克时，这时就可以适时分养了，将密度调整为每平方米为 30 ~ 40 只；当规格达到 150 克时，可以再一次进行分养，每平方米调整到 20 ~ 30 只。

4. 防害除害

老鼠、蛇、鸟、鼬鼠和一些野杂鱼等都是蛙类的天敌，对幼蛙的危害是非常严重的，要经常观察有无蛇、鼠等敌害，一经发现要及时捕杀。可以用鼠药灭鼠，人工捉蛇、驱赶蛇，草人吓鸟等常用的有效方法来防害、除害。

5. 检查防逃设施

蛙善于爬跳，所以要经常检查防逃设施，有破损的要及时修补。

第四节　成蛙在稻田里的饲养

成蛙的养殖又叫商品蛙的养殖，是指幼蛙经过一段时间的培育，当个体长到 50 ~ 100 克之后，就可进入成蛙养殖阶段。

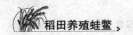

一、营造成蛙生长的环境

一是为成蛙提供干旱不干涸、洪水不泛滥的稻田，以潮湿、温暖背阳的地方较好，如果田间沟里有少量的挺水植物那就更好了。

二是养殖成蛙的田间沟的水深要适宜，浅水区和深水区都要有。一般来说，浅水区就是稻田里栽秧的田面，它们是蛙的栖息、隐蔽及遮阴的场所，平时保持水深 10 厘米左右。深水区就是田间沟，养殖成蛙的田间沟要稍微深一点，比养殖幼蛙的田间沟深 20 厘米左右为宜。深水区是蛙游泳和接纳排泄污物的区域，也是设置饵料台供蛙摄食的地方。平时深水区水深 50～70 厘米，在冬季和盛夏时要保持在 1～1.2 米。

三是做好遮阴降温工作。稻田里除了秧苗可以为蛙提供遮阴外，还可以在田间沟中种植莲藕及其他叶大、叶多的挺水植物，也可种植水花生、睡莲等，在田间沟靠近田埂的一侧可种花草、蔬菜、葡萄、丝瓜、果树等，促使蛙快速生长，充分发挥生态养殖、立体养殖的效益。

四是做好防逃工作。由于成蛙的活动能力和跳跃能力更强，应特别注意防逃设施的维修工作。另外，夏季暴风雨多，蛙受惊后会爬越障碍或掘洞逃跑，因此在这种天气要特别注意做好防逃工作。在稻田的周围要用芦帘、竹篱笆、铁丝网、尼龙网或砖墙等做成围栏，围栏要入土 15～20 厘米，高 1.8 米以上，防止成蛙外逃。

二、科学投饵与补充活饵

成蛙的个体大、摄食量多，要保证供应充足的优质适口饵料，控制适宜的环境温度，其体重增长是比较快的，每月个体增重 30～50 克。

随着温度的升高，蛙的食量增大，投饵量也应逐渐增加。投饵时更要注意"四定"技术，以避免发生弱肉强食的现象。此时的投饵量一般应达到蛙总体重的20%左右。

除了上规模的养殖场有特制的蛙饲料外，还可采取一些措施来补充活饵料。

1. 灯光诱虫

用30瓦的紫外灯或40瓦的黑光灯效果较好。天黑即开灯，可看到蛙群集于灯下，跳跃吞食昆虫的热闹情景。

2. 补充小鱼虾

一是平时向田间沟里定期投入一些鲜活的小鱼虾，让蛙自行捕食，以补充饵料不足；二是采用木竹制成的槽状饵料盘，其底钉上尼龙纱布，盘中水与田水相接，固定在田间沟的阴凉处，放入活的小鱼虾。

3. 补充昆虫

人工捕捉蝗虫、蝼蛄等昆虫放入稻田的田面上，让蛙自然摄食。

三、管理工作

一是控制温度和湿度：最适宜的水温为23～30℃，要做好遮阴、防高温、防烈日照射。

二是控制水质：坚持换水，成蛙摄食多，排泄的废物也多，要经常换水保持水质不被污染。一般在炎热的夏季，有条件的话，要定期为稻田换水，每次换水量约为1/6。也可以用小型潜水泵把田间沟里的水抽到田面上，让水流经过秧苗的吸收后再进入田间沟内，当然了，如果能让稻田形成微流水状态，那就更好了。

三是及时分养：成蛙的养殖密度一般为每平方米50～20只（以田间沟的面积计算），密度大小随成蛙体型大小及养殖管理

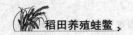

水平、水温、水质等因素而酌情调整。

四是做好敌害的防范工作：蛇、鼠、猫等都是蛙的天敌，这些天敌夏季活动特别猖獗，必须建立巡视制度并采取清除措施。

五是做好疾病预防工作：成蛙的养殖基本上都是在高温季节进行的，而夏季也正是蛙疾病的多发季节。每天要清洗饵料台，及时清除腐败变质的饵料，每半个月用漂白粉对田间沟消毒1次，使沟里水的药物浓度达1毫克/升。一旦发现蛙得病了，应及早采取治疗措施，以防疾病蔓延。

第五章 蛙鳖的营养与饲料

第一节 蛙鳖的摄食特点

一、鳖的食性

鳖是以动物性饵料为主的杂食性动物，食性范围广。在野生条件下，刚孵出的稚鳖、幼鳖主要摄食大型浮游动物（枝角类、桡足类）、虾苗、鱼苗、水生昆虫及水蚯蚓等底栖动物，也摄食少量植物碎屑。成年鳖摄食鱼、虾、蛙、螺、蚌等，也摄食一些植物性饵料，如瓜、菜、水草等。鳖常见的植物性饵料有面条、面包、饭粒及各种新鲜蔬菜、瓜果等，这些植物性饵料仅仅作为辅助饲料。投喂前要仔细检查是否有害虫，必要时可用浓度较低的高锰酸钾溶液浸泡后再投喂，杜绝投喂工作给鳖带入病菌和虫害。在人工养殖条件下，贝类、鱼糜、动物内脏及饼粕类、麦类、大豆等都可作为饲料，也可搭配南瓜、菜叶等。工厂化人工养殖情况下，鳖喜食全价配合饲料。

二、鳖的摄食方式

鳖的摄食方式主要是吞食，利用其锐利的爪及伸缩敏捷、转动自如的头颈猎取食物，并将猎获的食物纳入口中，经上下颌特化的角质喙压碎，再由下颌前缘与口角附近的唾腺分泌唾液使食物润滑，以便吞咽。由于鳖是爬行动物而且爬行速度很慢，因此

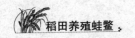

在摄食过程中基本是不主动追击猎物的，只静候食物来到，或潜伏在水底蹑步潜行，或悄悄地待在一边，待食物接近时，立即伸颈张嘴吞食。

三、蛙的食性

蛙类基本上都是以动物性饲料为主的杂食性动物，但是它们在不同阶段的食性是有一定差别的。例如，在蝌蚪时期它以植物食性为主，而变态发育到幼蛙后，它的食性也随之发生变化，以动物食性为主。

蝌蚪的食物是以水中细菌、藻类、浮游生物、小型原生动物、水生植物碎片和有机碎屑为主；而成蛙则以环节动物、节肢动物、软体动物、鱼类、爬行类为主。其中，以节肢动物的昆虫为最多，在蛙的食物检测中，约有75%的食物是各种昆虫，这些昆虫大多数是农田害虫，因此蛙类是对人类有益的动物。在人工养殖时，经过驯化，它们都可以吃人工配合饲料。

四、蛙的摄食方式

蛙在不同的发育阶段，其摄食方式也有一定的差别，这种差别与它们在不同时期的食性有密切关系。蝌蚪的摄食方式主要是以滤食为主，取食时间是全天候的，只要有饵料，它就会取食；而成蛙的取食主要是在夜晚进行，它是采取袭击式的方式进行掠食。在自然状态下，成蛙总是待着不动，当它发现食物时，就会慢慢地接近猎物，在到达一定的距离后，会采取突然跃起的方式扑向食物，同时将口中长长的且带有黏液的舌头伸出去，将猎物黏入口中。

第二节　蛙鳖饲料的种类

相对于鳖而言，蛙类养殖的研究开发较迟，对蛙类的营养需求和饲料的配制研究也不多。作为优质的特种水产品养殖对象，蛙类的养殖时间总的来说还是很短的，要比鳖的养殖短得多，而且在规模上也比鳖要小得多。在我国，长期以来养蛙都是采取小规模和传统的粗放式的自然养殖或增殖的方式，换句话说，就是早期的蛙类养殖基本上是靠天收，采取的是人放天养的策略。这种养殖方式是不需要或极少进行投饵的，饵料的来源主要是依靠蛙类自己在自然界中捕获各种现成的饵料，尤其是以各种动物性活饵料为主。

我国自从 20 世纪 80 年代开始，才真正地开发、研究、养殖蛙类。随着饲养技术的不断进步、饲养方式的不断开发、饲料源的不断拓展，我们不但陆续解决了天然活饵料的培育技术，而且也通过试验、研究，在蛙类的营养需求、配合饲料的配制和加工等方面取得了重大进展，为蛙类的养殖提供了更好的服务。

长嘴就要吃，要想吃得好，营养丰富全面、适口性强的饲料就是最基本，也是最重要的保证。因此，我们为蛙鳖提供养殖饲料时，不但要根据其不同的生长阶段的营养需求特点来提供不同的活饵料，还要生产和使用配合饲料来满足蛙鳖的生长、发育，提高饲料的利用率。蛙鳖的饲料包括动物性饲料、植物性饲料和人工配合饲料三大类。

一、动物性饲料

这是为蛙鳖生长发育提供动物源的饲料，主要包括轮虫、枝角类、桡足类、孑孓、水蚯蚓、黄粉虫、蝇蛆、蚂蚁、蟋蟀、蜘

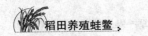

蛛、蚕蛹、螺、蚬、蚌、水生昆虫、野杂鱼、鱼粉、肉骨粉、血粉、动物内脏和其他屠宰下脚料等。

二、植物性饲料

这是为蛙鳖生长发育提供植物源的饲料。对于蛙来说，植物性饲料主要是在蝌蚪期被大量采用，而经变态后的幼蛙对植物性饲料基本上是采取拒食的态度。因此在蝌蚪期以后，植物性饲料主要是作为配合饲料中的能量组成部分被添加；而对于鳖来说，恰恰与蛙有点相反，鳖在成年期比稚鳖期摄食的植物性饵料要多。这些植物性饲料包括绿藻、硅藻、甲藻、蓝藻、螺旋藻、玉米、小麦、稻谷、土豆、大豆、花生、菜籽、棉籽、米糠、小麦麸皮、醋糟、酒糟、制糖滤泥等，甚至瓜菜类、稀饭、馒头等都是它的好饵料。

三、人工配合饲料

随着人们生活水平的提高，人们对蛙鳖的需求量也大大增加，导致养殖蛙鳖的人越来越多，整个产业日益壮大，养殖规模也不断扩大，养殖方式也由当初的粗养向半精养直到现在相当一部分都采取的是精养模式转变。当初依靠天然活饵料培育来提供饲料的小打小闹式的养殖已经适应不了发展的需求，因此，单纯的天然活饵料已经不能满足广大养殖场的需求了，大量使用人工配合饲料就成了一种必然，这是蛙鳖养殖的发展结果，也是集约化、规模化、高效化养殖的必经之路。

配合饲料也叫颗粒饲料，是根据所养殖的蛙鳖品种及它们在不同生长阶段的营养需求，采用多种饲料原料加工配制成的复合饲料。配合饲料是把能量饲料、蛋白质饲料、矿物质饲料等多种成分。配合而成的饲料。按配合饲料的营养成分可分为三大类：第一类叫全价饲料，又叫完全饲料或平衡饲料，指饲料中营养全面、配比合理，能满足不同种类的蛙鳖在不同生长发育阶段的营养需求。全价饲料买回来后可以马上投喂使用。第二类叫添加剂饲料，它属于营养补充饲料，主要用于补充蛙鳖饲料中缺少的氨基酸、维生素和矿物质成分的含量。这类饲料起补充作用，因此在使用时一要注意用量，且一定在搅拌均匀后，才能制粒使用。第三类叫预混饲料，该饲料用于饲料添加剂和某种饲料的预混合，这种预混合的饲料再加其他饲料成分一起制成成品饲料。

目前，国内外市场上已经出现了专门为蛙鳖生产的多种饲料，有蝌蚪开口料、变态期专用料、幼蛙成长料、成蛙养成料、亲蛙营养料、稚鳖料、幼鳖料、成鳖料、亲鳖料等，这些颗粒饲料的研制和生产对蛙鳖的养殖业有很好的促进作用。实践证明，利用配合饲料养殖蛙鳖，主要有以下几个优点：

第一是营养价值高，适合集约化生产。蛙鳖的配合饲料是运用现代技术研究蛙鳖的生理学、生物化学和营养学的最新成就，是分析不同种类的蛙鳖在不同生长阶段的营养需求后，经过科学配方与加工配制而成的，因此是有的放矢，大大提高了饲料中各种营养成分的利用率，使营养更加全面，生物学价值更高。它不仅能满足蛙鳖在不同生长阶段的营养需求，而且还可以提高各种养分的实际效能和蛋白质的生理价值，起到了取长补短的作用。

第二是扩大了饲料的来源。它可以充分利用粮、油、酒、药、食品与石油化工等产品，符合可持续发展的原则。

第三是可以按照蛙鳖的种类、规格大小配制不同营养成分的饲料，使之更适于养殖对象的需要；同时也可以加工成不同大小、硬度、密度、浮沉、色彩等完全符合养殖对象需要的颗粒饲料。它具有动物蛋白和植物蛋白配比合理、能量饲料与蛋白饲料的比例适宜、营养物质较全面的优点，同时在配制过程中，适当添加了各种蛙鳖特殊需要的维生素和矿物质，同时也含有增色剂、显色剂等，以便各种营养成分发挥最大的经济效益，并获得

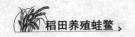

最佳的饲养效果。

第四是配合饲料可以利用现代先进的加工技术进行大批量工业化生产，便于运输和储存，保证养殖场常年的饲料供应，能适应蛙鳖常年养殖的需求，这对于大棚养蛙和温室养鳖的意义非常重大。

第五是能有效减少蛙鳖疾病的发生。在配合饲料的加工过程中不仅能除去多种毒素，杀灭多种病原菌，减少由饲料引发的各种疾病；配合饲料的颗粒大小适合不同阶段的蛙鳖，能有效地改善蛙鳖的消化和营养吸收，增强它们的抗病能力；还可以根据不同的需要，在疾病高发期来临之际，在饲料中有目的地添加一些药物，可以有效地起到疾病防治作用。

第六是通过加工生产的颗粒饲料，能在水中保持一定的形状达数小时，能有效地防止饲料中的营养成分在水体中的散失，这对提高饲料的利用率、降低饵料系数、降低养殖成本都是有很大作用的；另外，由于减少了饲料在水中的溶失，也就减少了饲料对水体的污染，有利于水质的控制，对蛙鳖的生长期发育环境起到一种保持作用。

因此对于规模较大的蛙鳖养殖场，我们还是建议使用配合饲料。它是一种方便、经济、科学的选择。

第三节　降低饲料成本和提高饲料利用率的途径

蛙鳖养殖产业发展迅猛，目前已进入工厂化养殖阶段。提高饲料的利用率，是养殖户降本增效的关键。目前，大多数养殖蛙鳖的专业户主要靠购买蛙鳖饲料来喂养蛙鳖，而市场上的一些蛙鳖饲料一方面不仅价格昂贵，而且有一些是伪劣产品，有的甚至已变质，蛙鳖吃后不仅生长慢，而且体内沉积了大量细菌、病毒，到来年春季蛙鳖完全结束冬眠期前，由于气温适宜细菌、病毒活动，因而蛙鳖的死亡率很高。另一方面饲料使用不当会造成水质恶化，导致勤换水，浪费人力和能源，且蛙鳖在水质恶化的生态环境中更易发病，需多用药物来防治，又增加了药费并影响成活率。为了减少用于购买饲料的开支，提高饲料质量，本节介绍几种降低饲料成本的方法。

一、因地制宜，广辟饲料来源

蛙鳖以动物性饲料为主食，若完全依赖某些固定配方中指定的动物性饲料，往往会受到地域及饲料来源限制，因而饲料成本高，影响养殖蛙鳖的发展。因此，因地制宜，利用当地饵料资源，开发动物蛋白饲料，具有重要的意义。

1. 充分利用屠宰下脚料

利用肉类加工厂的猪、牛、羊、鸡、鸭等动物内脏及罐头食品厂的废弃下脚料作为饲料，经淘洗干净后切碎或绞烂煮熟喂鳖。沿海及内陆渔区可以利用水产加工企业的废鱼虾和鱼内脏，还可以利用附近池塘鱼病流行季节，需要处理的没有食用价值的病鱼、死鱼、废鱼高温煮熟后作饲料。如果数量过多，还可以用淡干或盐干的方法加工储藏，以备待用。这些屠宰下脚料主要是用来喂养鳖的，如果是用于喂养蛙的话，需要进一步的处理。

2. 捕捞野生鱼虾

在靠近江河、湖泊的附近稻田里养殖鳖蛙，在方便的条件下，可以在池塘、河沟、水库、湖泊等水域丰富的地区进行人工捕捞小鱼虾、螺蚌贝蚬等作为蛙鳖的优质天然饵料。河蚌需经除壳切细后饲喂蛙鳖，螺、蚯蚓可直接投入田间沟里。这类饲料来源广泛，饲喂效果好，但是劳动强度大。

3. 收购野杂鱼虾、螺蚌等

在靠近小溪、小河、塘坝、水库、湖泊等地，可通过收购当

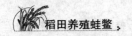

地渔农捕捞的野杂鱼虾、螺蚌贝蚬等为蛙鳖提供天然饵料。在投喂前要加以清洗消毒处理，可用3%～5%的食盐水清洗10～15分钟或用其他药物，如高锰酸钾杀菌消毒，小鱼、小虾经开水烫死后饲喂鳖，如果是用来喂蛙的话，最好不要弄死，以活的状态投喂效果更好。对于螺蚌贝蚬等有壳的天然饲料来说，最好敲碎或剖割后再投饲。

还可以搜集渔民的病鱼、死鱼。目前，全国农村人工养鱼的不少，每逢夏季和初秋，往往有大量鱼生病死亡，为了防止正常鱼被感染，渔民总是要及时处理这些病鱼或死鱼。鳖养殖户不妨搜集来，经高温煮熟后便成为鳖的最好饲料。如果鳖一时吃不完还可以用盐腌经晒干烟熏后备用。

4. 繁殖生物饵料

一是在蛙鳖田间沟内繁育生物饵料，满足蛙鳖尤其是幼体阶段的摄食需求。

二是人工培育活饵，这是驯食野生蛙鳖的最佳饵料，一些活饵料还是蛙驯食的主要饵料。例如，我们通常利用人工培育的黄粉虫、蚯蚓等进行人工驯食。

5. 自制高蛋白饲料

可购买少量商品价值低的鱼、蛋与蛋白质含量高的豆类、豆腐渣、麦面粉混在一起煮熟，同时加入蛙鳖喜食的动物性饵料，如鱼粉、血粉、动物内脏等，然后加入适量切碎的青菜、土霉素及锤碎的熟石灰，充分搅拌，揉成团或饼，便可饲喂。这样，既可节省昂贵的动物性饵料成本，又能就地取材、降低成本，且营养成分全面。

6. 提高投饵的经济性

首先要根据不同的地区、季节、品种、价格，选择最经济适用的饵料，要因时、因地地选择鱼、虾、螺、蚌、蛙、动物下脚料、配合饲料等。

其次要根据不同的蛙鳖生长阶段选择最适用的饵料。在鲜料价格低时可以以鲜料投喂为主，其他投喂为辅；在鲜料价格较高时，可以投喂其他的饲料。在蛙鳖的幼体阶段应以投喂蝇蛆、黄粉虫、水蚯蚓等优质的高蛋白饵料为主，而在成体生长阶段则以配合饲料为主。

最后就是投饵的时间要适时。蛙鳖在越冬后，一旦温度适宜就要做到早开食；在春、秋两季温度适宜时，一定要加强投喂，做到中午投喂占日投喂量的60%；而在盛夏高温季节，则以晚间投喂为主；无论什么季节，在刮风下雨时，都要减少投喂。

二、减少散失

首先是让饲料的保持时间更长。目前生产上常用鳗鱼饲料作为鳖饲料，一般认为，蛙鳖饲料的黏合剂用面筋较好。此外，还可用甲基纤维素、明胶、藻胶等作黏合剂。这种饲料的制作方法有利于增加饲料在水中的保形时间，可以有效地减少饲料的损失。

其次是减少饲料在水中的缺失。可改在水中投饵的方式为岸边饵料台投饵。这是因为蛙鳖是两栖爬行动物，都可以在进食时爬行到田间沟的岸边摄食，可以在田间沟里设置坡度为20°~25°的缓坡型饲料台，将饲料台的1/3浸入水中。经过一段时间的驯食后，可以让蛙鳖自然爬到岸边的饵料台进食，这样可以随时观察蛙鳖的取食数量及发病情况，也可以有效地防止没吃完的饲料沉落到水底而造成污染。当然了，在栽秧时，可在靠近田间沟的田面一侧，故意留下一条宽约2米的空白地带，不栽秧苗，专门用于投喂蛙鳖，效果就会更好，也可以将饵料台直接放在田面的空地上。

再次是采取多点设台、少量多次的投喂技巧，也是减少饲料散失的有效手段。

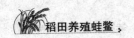

最后是促进蛙鳖的消化。如果有条件时，可以将饵料（蝇蛆、黄粉虫、蚯蚓除外）煮沸15分钟后投喂，这样就能达到杀菌、杀虫的目的，同时还有改变饲料适口性、促进蛙鳖消化和吸收的效果，应在蛙鳖的投饵中大力提倡。

三、改进饲料形态

在早期养殖蛙鳖时常用块状沉饵，沉饵需使用机械搅拌，在高温的条件下，极易腐败，保存时间不超过4~5小时。现在在稻田里养殖时，可以使用浮性颗粒饵料，这种浮性颗粒饵料对减轻水质污染也是有效的。池水有机物耗氧量减少了一半，蛙鳖田间沟的换水时间可延长1倍。加温养殖时，喂浮料能减少开支，使用浮料操作也方便。

四、保持投饵时的稳定，减少蛙鳖的应激反应

1. 温度要稳定

以养鳖为例，养殖鳖的水温控制在30~31 ℃最合适，此时鳖体内消化酶的活性达到最佳状态，饲料的消化吸收最好。所以稻田里的环境要保持稳定，饲料系数比较低。

2. 水质要稳定

在换水时，由于水中的理化成分发生了变化，会引起蛙鳖的应激反应，往往换水后前几天吃食少，吃了也会迅速排泄，饲料的利用率低。因此，最好采取定期排污的方式，保持环境的稳定。

3. 饲料质量要稳定

如果饲料质量不稳定，经常发生口味不衔接的现象，导致蛙鳖体内消化系统忙于适应调整，饲料效率降低、系数升高。

4. 药性要稳定

在稻田养殖蛙鳖时，蛙鳖的疾病相对是比较少的。如果确实是因为疾病发生需要用药时，要注意两个原则：一是尽可能少用

药；二是尽可能用温和的药，也就是说用药性稳定的药。很多养殖户把药品当补品，稚鳖、稚蛙一放到稻田里就喂环丙沙星，另外，还在田间沟里用土霉素来装饰水色，每月定期喂抗生素。实践证明，喂抗生素对生长影响很大，特别是加重了肝脏负担，影响消化液的分泌，服药期间除了进食会减少外，蛙鳖几乎不生长。

5. 其他的稳定

主要包括在投喂饲料过程中一定要保持环境安静、保持水色稳定等，这是提高饲料利用率的主要方法，也是目前降低养殖成本的主要方法。

五、做到投饵的综合性

首先是投饵要与防病相结合。在稻田里养殖时，由于蛙鳖大部分时间是生活在水中的，有时生病了也不能及时发现并采取有效措施来解决，因此，防病是最重要的。可以利用投喂饵料的机会加强疾病的预防，也可定期在饲料中加入一些具有预防疾病作用的微量元素、维生素、酶制剂、免疫多糖等，提高蛙鳖的抗病力。

其次是将投饵与给药治病相联系。对于蛙鳖的疾病治疗，尤其是内服药物的效果要比外用药物和注射用药要好时，这时可以利用投饵的机会，将治疗疾病的药物添加在饵料中或者直接包裹在鲜活的动物性饵料中，对还能吃食的蛙鳖是个非常好的治疗手段，这些药物通常有氟苯尼考粉、大蒜素、三黄粉等。

最后是把投饵与净化水质有机地结合在一起。为了防止那些未被蛙鳖吃完的饵料及蛙鳖的粪便沉入田间沟，在水底发酵，造成水体的污染，在投饵时要将饵料投放在岸边，同时要采取多餐少量、多点少投的投饵技巧，尽可能地减少投饵对水质的污染；另外在投饵时，可定期向田间沟里注水或泼洒 EM

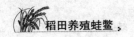

菌水产制剂，来达到分解粪便和残余饵料的目的，从而达到净化水质的效果。

第四节　活饵料的培育

一、蛙鳖幼体时的活饵料培育

(一) 天然鱼虫的捕捞

鱼虫是污水坑塘及河流中滋生的各种浮游动物，是枝角类（水蚤）和桡足类的笼统俗称。它名目繁多，各地叫法也不一样，有的地方叫红蜘蛛虫，有的地方叫蹦蹦虫，有的地方叫鱼虫，也有的地方叫红虫。通常叫红虫的比较多，也比较直观。

1. 用天然鱼虫养殖蝌蚪和稚鳖的优点

鱼虫的蛋白质含有蝌蚪成长所必需的所有氨基酸，而且含量也远远高于其他常用饲料；鱼虫体内的糖分含量也相当高，其组成中含有大量钙质，因此营养价值高。当蝌蚪和稚鳖的体质降低、食欲减弱时，投喂一段时期的鱼虫后，对快速提高蝌蚪和稚鳖的体质具有较好的效果。

2. 天然鱼虫的变化特点

鱼虫大量生长于城市郊区、村镇和集市附近的污水坑塘、河沟中。春季到来时，当水温上升到 10 ℃以上，鱼虫开始繁殖增长；当水温上升到 18 ℃时，鱼虫大量繁殖、快速生长。从春到夏，特别是盛夏，环境条件好，鱼虫繁殖快。在某些河沟、坑塘，鱼虫旺发时形成庞大群体，清晨在水面可见密密麻麻红色的一层，秋末季节逐渐减少。鱼虫数量的消长，与季节、气候、水温、光照及水中营养物质的含量等因素有着密切关系。不同种类的鱼虫对这些条件有不同的要求，所以，在不同地区、不同季节里有不同种类的增长与消落。有经验的人能正确掌握和运用这些自然规律，选择恰当的地点和时间进行捕捞，从而获取大量鱼虫。

鱼虫繁殖生长的季节性特别明显，生长也极快。一般情况下，在早春季节，气温尚低，水体中主要生长桡足类；到晚春季节，气温回升，枝角类开始大量繁殖；进入夏季以后，水温升高较快，轮虫和枝角类都快速繁殖，此时比较容易捕捞；到了秋季，秋雨连绵，气温逐渐回落，轮虫数量减少，产量下降；当冬季温度继续降低时，枝角类进一步减少，只能捞取少量的桡足类。

鱼虫除了季节性的数量变动规律以外，还有昼夜升降的规律。从夜间到黎明前，它们从深水层向表水层移动，在鱼虫大量繁殖生长的水坑、河沟中非常明显。到黎明时，全部上浮到水面上层和表层。日出后 1~2 小时，它们又向水下层移动，回到深水层。如果鱼虫数量较少，这种规律就不明显。据分析，造成这种昼夜升降、日潜夜浮的主要原因是水体中溶氧不足，红虫的庞大群体需要消耗大量的氧气，它们又挤在一起难以疏散，黎明时，下层水体中的溶解氧降到最低值。因此，每年的 6—8 月是红虫旺发的季节，日出后数小时内，红虫仍密集于水表层。只有正确掌握红虫这种日落上升、日出而潜的生活习性后，在黎明前后捕捞，就能捕获大量的鱼虫。

3. 天然鱼虫的捕捞方法

清晨，捕捞鱼虫时，通常用捞虫网于肥水河沟边、塘边水面下，来回拖捞，一般都能捕捞到。在捕捞时，捞虫网吃水不要太深，动作应轻快敏捷，如果动作过猛，容易使污物上浮且冲散鱼虫群体。同时还要观察水色、风向和水流方向，一般在下风和水流下游避风处鱼虫较多，而水质严重污染、水色浑浊呈酱色或黑

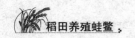

色处，鱼虫出现较少。在深秋和冬季，由于鱼虫的数量减少，在许多江河内鱼虫极为少见，一般都形成休眠卵或潜入深水处越冬。这时主要是到污水坑塘内捞取，但这时的鱼虫并不像夏季那样浮在水面上，所以须用长网兜深入到坑塘的中下层，沿圆圈状或螺旋状来回捞取。值得注意的是，最好不要到精养鱼池去捕捞，因为人工密放的精养鱼塘往往含有大量的鱼类致病细菌，捞取鱼虫回去喂养蛙鳖时，往往会将致病菌带入养殖水体内，造成传染病。

4. 鱼虫的清洗

对于捕捞的鱼虫最好不要久留在网袋里，数量也不宜太多，以防止底层鱼虫缺氧窒息死亡。无论是枝角类，还是桡足类，捞回去以后都要清洗干净，方可投喂，以免将天然水体内的敌害生物及致病细菌引入养殖水体并污染水体，危害蛙鳖。清洗的方法是：将捞好的鱼虫，立即倒入事先盛好清水的大池子内，接着用大网布兜子将鱼虫捞至另一盛有清水的池子内，如此反复 3~4 次，待所有和鱼虫混杂在一起的污泥浊水清洗干净后，鱼虫的颜色也由刚捞回时的酱紫色变为鲜红色，这时才可以用来投喂。在操作过程中，将鱼虫从一个池子捞至另一个池子时，刚开始鱼虫密度过大，应用大网布兜子，随后鱼虫数量逐渐减少并清洁，可使用小网布兜子操作。过滤清洗鱼虫时，要注意把活鱼虫和死亡鱼虫分开，即在清洗时注意死活鱼虫的分层现象，因为绝大部分活鱼虫都具有很强的浮游能力，它们浮游并群集在水的表层，而死鱼虫则沉积在池底。

（二）桡足类的培养

桡足类隶属于节肢动物门、甲壳纲、桡足亚纲。培养饵料用的桡足类分别隶属于哲水蚤目、剑水蚤目和猛水蚤目。桡足类是小型低等甲壳动物，是蝌蚪和稚鳖培育时的主要饵料之一。

1. 培养设备

主要培养设备有培养容器、搅拌器、充气装置、升温装置等。

小型培养容器多使用 1 立方米左右的塑料水槽。大型培养容器多为水泥池，其容量从几立方米到几百立方米不等。池深一般 1～1.3 米。小型培养容器多用散气石充气搅拌，不设专门的搅拌器。对于大型水泥池，搅拌器有两种，一种是专门的搅拌器，这种搅拌器带有翼片，慢速运转，靠翼片搅动水体；另一种是用铺在池底的塑料管充气搅拌。桡足类生长繁殖的水温一般较高，因此需配备升温装置。

2. 培养用水的处理

培养用水最好通过沙滤，如果无沙滤设备，也可以用筛绢网过滤，滤除水中的大型动物。

3. 接种

种的来源有两个途径：一是从自然水域采集桡足类，经分离、富积培养后，再往大型培养容器接种；二是采集桡足类的卵进行孵化。

接种量以大为好。接种量大，增殖到收获时密度的时间短，生产效率高。接种量最大可以达到当时培养条件下最大密度的一半。

4. 投放附着基

培养底栖和半底栖的桡足类，需要投放附着基。例如，虎斑猛水蚤有爬行于池壁和池底或在其附近游泳的习性。为了增加其栖息场所，投放附着基有明显效果。附着基的种类有蚊帐布、筛绢网、塑料波纹板、聚乙烯薄膜等。垂挂蚊帐网作附着基，不会降低通气能力，而且蚊帐网上有浒苔生长，起到了附着基、饵料和稳定水质的作用。

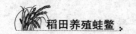

5. 管理

（1）投饵

应根据桡足类的食性选择适宜的饵料。杂食性桡足的饵料种类很多，适于大量培养。除了饵料种类外，还要控制适宜的投饵量。如果 1 立方米容量的塑料水槽作培养容器，混合投喂对虾配合饲料与酵母，对虾配合饲料投喂量 30～75 克，酵母投喂量每日 2 克，虎斑猛水蚤增殖到 14 000～17 000 个/升；混合投喂蛙类配合饲料与酵母，蛙类配合饲料每 2～3 天投喂 5～10 克，酵母每 2～3 天投喂 10 克，虎斑猛水蚤增殖到 16 000～20 000 个/升；1 次或多次投喂酱油糟 125～625 克，虎斑猛水蚤增殖到 4000 个/升。

（2）搅拌与充气

搅拌和充气的作用，一是增加培养水中的溶解氧，二是防止饵料下沉，这是培养管理的一项重要措施。但是要适当控制搅拌和充气的强度。底栖和半底栖的桡足类有在池壁附近生活的习性，搅拌强度过大或充气量过大，有可能对其产生不利影响。

（3）控制温度、光照强度

应把温度和光照强度控制在最适宜范围。温度变化不宜过大。

（4）水质控制指标

桡足类培养中水质变化过大，特别是投喂人工饲料时更要注意。培养过程中溶解氧应大于 5 毫升/升。pH 应控制在 7.5～8.6。如果溶解氧和 pH 过低，应加强通气。

（5）收获

培养的桡足类最高密度都有一定界限，并且随培养条件不同而不同。据报道，虎斑猛水蚤的增殖密度，在 1 升水槽中为 3 万个，在 30 升水槽中为 1.8 万个/升，1 吨水槽中可达 1.5 万个/升，在 40 吨水池中用油脂酵母作饵料可达到 3.6 万个/升，在 200 吨水池用面包酵母作饵料，增殖密度也达到 1.58 万个/升。在密度达到一定水平后，就要收获其中的一部分，这对桡足类长期稳定的增殖是有利的。每次收获量的大小，以不影响其增殖为准。如果每次的收获量过小，则现存量就大，桡足类则处于较高密度状态，对其生长繁殖不利；相反，如果每次的收获量过大，则现存量就小，参与繁殖的个体数量就小，也影响其增殖的速度。每次收获量在10%左右，收获方法是用网目0.33毫米的网捞取。收获的个体主要是成体和后期桡足类幼体。

（三）草履虫的培养

草履虫在显微镜下观察，很像一只草鞋，故名草履虫。草履虫习性喜光，体长为0.15～0.3毫米，一般生活在湖泊、坑塘里，在腐殖质丰富的场所及干草浸出液中繁殖尤为旺盛，适宜温度为22～28℃。一种方法是取池水置于玻璃培养缸中，如发现水层有浮动着的颗颗白色小点，即表明有草履虫存在。大量繁殖时，在水层中呈灰白色云雾状飘动或回荡，故又称为"洄水"。取"洄水"一滴置于显微镜下观察，每一白色小点便是游动不定的草履虫，培养时，可取"洄水"作为种源。另一种方法是取干稻草切成小段或稻草绳约70厘米长的整段或剪成若干小段，直接浸泡在水中或煮后浸泡，用稻草浸出液作为培养液。将煮过的稻草与水一起置于玻璃缸中，再加水约5升，水占玻璃缸容积的2/3以上，然后到腐殖质丰富的地方去取种源。注意观察那里的水源应比捞鱼虫的坑塘水质要清。舀回一桶水，取部分水体装入无色透明的小瓶内对着阳光仔细观察，可见有白色小点悬于水中。如果看不见白色小点，可用力搅漩桶水，再取中央部位的水装入小瓶，对准光线看有无白色小点，如果有白色小点悬浮于水中漂游不定，便可将此水倒入培养液；也可直接从实验室中取种源放入玻璃缸中，然后将玻璃缸置于光照比较充足的地方，在水温18～24℃的情况下培养6～7天，草履虫便大量繁殖。如果

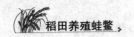

草履虫繁殖数量达到高峰时不及时捞取，会导致培养缸内数量过密，次日便会发现有大量草履虫死亡，故一定要每天捞取，捞取量以 1/4 ~ 1/2 为宜，同时补充培养液，即添加新水和稻草浸出液施肥。如此连续培养、连续捞取，就可以不断地获取活饵料。

(四) 变形虫的培养

变形虫在显微镜下观察，可见其身体向四周伸出伪足摄取周围的食物，且它以伪足作为运动器官，故也称为肉足虫；又因其伪足运动时，体形变化不定，故又被称为变形虫。变形虫喜生活在水质较清的水池或水流缓慢、藻类较多的浅水中，有时附着在浸没于水中或泥底的腐烂植物上，或浮在水面的泡沫上。取底层表面的泥土或腐烂的有机物带水采回放入瓶中，静置约 24 小时后，取泥土底物或浮沫的水滴在显微镜下观察，即可见到变形虫。培养时，取这种水滴作为种源，变形虫培养的最适温度是18 ~ 22 ℃，春、秋两季最易采集到。变形虫的体积略大于草履虫，为 0.2 ~ 0.6 毫米，肉眼可见一白色小点。可利用其在饱食时突然受震动后会牢牢吸附在物体上的特性，把它分离出来作为种源。其方法是取含变形虫的培养液滴于玻璃片上，见有白色小点（有条件在显微镜下观察到虫体最好），滴 1 滴凉水于白色小点处，并立即震动玻璃片，虫体便会牢牢吸附在玻璃片上，然后用凉水慢慢冲洗玻璃片上的培养液约 10 秒。这样连做数片作为种源，连同玻璃片一起放入培养液中，经几天培养后，即可获得大量的较纯洁的变形虫。其培养液也可采用稻草加水浸泡的方法来制备，稻草面积和用水量多少应视培养规模而定，配备比例参考草履虫培养液配制。

(五) 摇蚊幼虫的培育

1. 人工采卵

用专用的人工采卵箱完成，采卵箱的大小为 1 米 × 1 米 × 2

米，用厚 4~5 厘米的方杉木做箱架，外面挂有防蚊用的昆虫网，其上覆盖透明塑料布，以便保持箱内的湿度和从外面进行观察。

2. 温度

最适范围为 23~25 ℃。

3. 湿度

湿度 90% 以上可得到 80%~85% 的受精率，调节湿度可由采卵箱中的喷水器控制，箱外塑料布防止蒸发。

4. 饵料

饵料置于采卵箱中的面盆中或喷洒在悬挂于采卵箱中的布幕上。成虫饵料为 2% 的蔗糖、2% 的蜂蜜或两者的混合液，都能获得较高受精率。

用以上采卵箱的条件，受精卵块持续的天数为 12~15 天，平均每天可采卵块 200 个。假设 1 个卵块中的卵粒数平均为 500 个，则每天能采 10 万个个体，2 周后可得到 140 万个体，约合 7 千克幼虫。

5. 培养基

（1）琼脂培养基

将琼脂溶解于热水中，配成 0.8% 的琼脂溶液，冷却至 50 ℃以后再加入牛奶。根据牛奶的添加量增减添加的蒸馏水，使琼脂浓度最后调整为 0.75%，然后将培养基溶液 25 毫升倒入直径为 90 毫米的玻璃皿中冷却，使琼脂凝固，在上面加 10 毫升蒸馏水。

（2）黏土－牛奶培养基

取一定量烧瓦用的黏土，加入 10 倍重的蒸馏水，在大型研钵中研碎，使之成为分散的胶体状。将胶状体除去砂质后，用 1.2 千克/平方厘米的高压灭菌器灭菌 30 分钟。冷却之后取一定量，加入牛奶，迅速开始凝集，黏土粒子和牛奶一起形成块状的

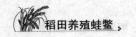

沉淀，即可当幼虫的培养基。

（3）黏土–植物叶培养基

取杂草、桑叶或海产的大叶藻加适量海砂和水，把植物叶子在研钵中磨碎，用50目筛绢网过滤挤出植物碎液，静置后取出植物碎液中的细砂。然后在黏土溶液中加入适量氯化钙，再加入植物碎液，会和牛奶一样发生凝集，直至上澄液不着色、不混浊时。等待10~20分钟后倾去上澄液，加入蒸馏水进行振荡，再静置10~20分钟后，除去上澄液，如此反复2~3次，将沉淀部分适当稀释便可供作培养基。

（4）下水沟泥培养基

从下水沟或养鱼塘采集鲜泥土，去掉其中的大块垃圾，加入等量的自来水搅拌，静置30分钟后倒掉上澄液，这样反复进行1~2次，除去下水沟泥的悬浮物。用高压锅高压灭菌30分钟，冷却之后倾去上澄液，加入适量蒸馏水即可当培养基。

6. 培养方法

（1）接种

用人工采卵和人工培养基饲育的摇蚊幼虫，经60目筛网选出体长3~4毫米的幼虫于盆中，1~2天加入蒸馏水，再移入筛网用蒸馏水冲洗干净之后，把水分沥干，将幼虫接种在培养基上。

（2）静水培养法

上述4种培养基的共同特点是两相培养基，即培养基底是固体物质的黏土、牛奶、植物碎叶或下水沟泥的沉淀物，培养基的上部是水基蒸馏水。用直径90毫米的培养皿盛装培养基时，把大于3毫米的摇蚊幼虫接种于器皿中培养，这就是静水培养。这种静水培养可一直培养到蛹化前采收，它具有操作容易的优点，但是这种培养法由于得不到充足的氧气保证，培养基容易变质，产量远不如流水培养法。

（3）流水培养法

在 33 厘米 ×37 厘米 ×7 厘米的塑料容器或直径为 45 厘米的圆盆中，在其底部放入厚度为 10 毫米的沙层，再在上面铺上黏土－牛奶培养基，每 3 天添加 1 次，从一端注入微流水，另一端排出，再用孵化后 24 小时的幼虫进行流水培养。流水可以起到排污和增加氧气的作用，培养结果比静水培养的好。

（4）体长小于 3 毫米的幼虫培养

体长小于 3 毫米的幼虫的口器发育尚未完成，对各种外界环境的抵抗力弱，更不可能抵抗 0.1 米/秒的流水速度，因此需要用另一种培养方法。这种方法是：在 500 毫升的三角烧瓶中，注入半瓶水，加进 50 毫升的培养基，将要孵化的卵块加进烧瓶里，用气泡石通气，每分钟通入 800 ~ 1000 立方厘米的气体，温度以 23 ~ 25 ℃为宜，在这种条件下，卵块会顺利孵化，4 天后体长可以达到 3 毫米，然后转入流水培养。

二、成年蛙鳖的活饵料培养

（一）黄粉虫的培育

黄粉虫，俗称面包虫，属鞘翅目拟步行科、粉甲虫属，含脂肪 28%、碳水化合物 13%，蛋白质幼虫含 50%，蛹含 57%，成虫含 64%，还含有磷、钾、铁、钠、镁、钙等常量元素和多种微量元素、维生素、酶类物质及动物生长必需的 16 种氨基酸。据饲养测定：1 千克黄粉虫的营养价值相当于 25 千克麦麸或 20 千克混合饲料或 1000 千克青饲料的营养价值，用 3% ~ 6% 的鲜黄粉虫可代替等量的国产鱼粉，被誉为"蛋白质饲料宝库"。因此，黄粉虫是饲养家畜、家禽，以及蛙、金鱼、虹鳟鱼、鳖、虾、龟、黄鳝、罗非鱼、鳗鱼、泥鳅、娃娃鱼、蝎子、蜈蚣、山鸡、鸵鸟、肉鸽、观赏鸟类、蛇等特种养殖动物不可缺少的极好

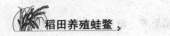
饲料。

1. 培育模式

（1）工厂化培育

这种生产方式可以大规模地提供黄粉虫作为饵料，适合鳖的养殖需要。工厂化养殖的方式是在室内进行，饲养室的门窗要装上纱窗，防止敌害侵入，房内安排若干排木架或铁架，每只木（铁）架分 3～4 层，每层间隔 50 厘米，每层放置一个饲养槽，饲养槽的大小与木架相适应。饲养槽既可用铁皮做成，也可用木板制成，一般规格为长 2 米、宽 1 米、高 20 厘米，在边框内壁用蜡光纸裱贴，使其光滑。防止黄粉虫爬出。

（2）家庭培育

家庭培育黄粉虫，规模较小，产量很低，可用面盆、木箱、纸箱等容器放在阳台上或床下养殖，平时注意防止老鼠偷食、苍蝇叮咬和鸡啄食。家庭培育具体的养殖模式有箱养、塑料桶养、池养和培养房大面积培养 4 种。

1）箱养

用木板做成培养箱（长 60 厘米、宽 40 厘米、高 30 厘米），上面钉有塑料窗纱，以防苍蝇、蚊子进入，箱中放一个与箱四周连扣的框架，用 10 目/厘米规格的筛绢做底，用以饲养黄粉虫，框下面为接卵器，用木板做底，箱用木架多层叠起来，进行立体生产。

2）塑料桶养

塑料桶大小均可，但要求内壁光滑，不能破损起毛边，在桶的 1/3 处放一层隔网，在网上层培养黄粉虫，下层接虫卵，桶上加盖窗纱罩牢。

3）池养

用砖石砌成 1 平方米大小，高 0.3 米的池子，内壁要求用水泥抹平，防止黄粉虫爬出外逃。

4）培养房大面积培养

通常采用立体式养殖，即在室内搭设上下多层的架子，架上放置长方形小盘（长 60 厘米、宽 40 厘米、高 15 厘米），每盘可培养幼虫 2 ~ 3 千克。

2. 培育技术

黄粉虫在 0 ℃以上可以安全越冬，10 ℃以上可以活动吃食，生长适温为 25 ~ 36 ℃，最高不超过 39 ℃，室内空气湿度以 60%左右为宜。在长江以南一带一年四季均可养殖，在特别干燥的情况下，黄粉虫尤其是成虫有相互蚕食的习性。

饲养前，首先要在箱、盆等容器内放入经纱网筛选过的细麸皮和其他饲料，再将黄粉虫（幼虫）放入，幼虫密度以布满容器表面或最多不超过 2 ~ 3 厘米厚为宜，上面盖上菜叶，让虫子生活在麸皮和菜叶之间，任其自由采食。虫料比例是虫子 1 千克、麸皮 1 千克、菜叶 1 千克，刚孵化出的幼虫以投喂玉米面、麸皮为主，随着个体的生长，增加饲料的多样性。每隔 1 周左右，换上新鲜饲料并及时添补麸面、米糠、饼粉、玉米面、胡萝卜片、青菜叶等饲料，也可添加适量鱼粉。1 周左右清理一次粪便。黄粉虫饲养周期为 100 天左右，卵经 3 ~ 5 天孵化成幼虫，幼虫要蜕皮 15 ~ 17 次，每蜕皮一次就长大一点，当幼虫长到 20 毫米时，便可用来投喂动物。一般幼虫继续生长到体长 30 毫米、体粗 8 毫米时，颜色由黄褐色变淡，且食量减少，这是老熟幼虫的后期阶段，会很快进入化蛹阶段。初蛹呈银白色，逐渐变成淡黄褐色，初蛹应及时从幼虫中拣出来，集中管理，蛹期要调整好温度与湿度，以免发生霉变。蛹经 7 ~ 9 天，即蜕皮羽化成为成虫（蛾），将要羽化成成虫时，要不时地左右旋转，几分钟或几十分钟便可蜕掉蛹衣羽化成为成虫，成虫能活 30 ~ 60 天。在饲养的过程中，卵的孵化及幼虫、蛹、成虫要分开饲养。当大龄幼虫停止吃食时，要拣出来放到另一器具里，使其产卵，经

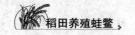

1～2个月的养殖，便进入产卵旺期，此时接卵纸要勤于更换，每5～7天换1次，每次将更换收集的卵粒分别放在孵化盒中集体孵化。

（二）蚯蚓的培育

蚯蚓是一种富含蛋白质的高级动物性饲料，是目前解决蛙鳖等特种水产品养殖所需蛋白质饵料的一条有效途径，从营养价值看，蚯蚓代替进口鱼粉是完全有可能的。

1. 室外饲养

（1）青饲料地、果园、桑园饲养

这种场所土壤松软、土质较肥，有利于蚯蚓取食和活动。在行距间开挖浅沟并投入蚯蚓培育饲料，然后将蚯蚓放入，便于蚯蚓穴居。每平方米投放'大平2号'蚯蚓2000条左右。在菜畦上放养蚯蚓，盛夏季节蔬菜新鲜茂盛、叶宽茎大，其宽大叶面可为蚯蚓遮阴避雨，有效地防止阳光直射和水分过度蒸发，平时蚯蚓可食枯黄落叶，遇到大雨冲击时可爬入根部避雨。桑园、果园饲养与菜畦相似，但需经常浇水，防止蚯蚓体表干燥，同时也要防止蚯蚓成群逃跑。这种饲养方法成本低、效果显著，便于推广。

（2）杂地饲养

利用庭院空地、岸边、河沟的隙地及其他荒芜杂地，四周挖好排水沟，将杂地翻成约1米宽的田块，定点放置发酵后的腐熟饵料，放入蚓种饲养。这样可以保证在较长时间内蚯蚓自繁自养。夏季搭凉棚或用草帘带水覆盖，防止泥土水份过度蒸发而干硬，亦可种植丝瓜、扁豆等藤叶茂盛的蔬菜，为蚯蚓遮阴避雨，同时注意定期喷水保湿和补充饵料。

（3）大田平地培养

大田平地培养法的特点是：培养面积大，可就近利用杂草、落叶、农家肥料等，还可充分利用潮湿、天然隐蔽等有利条件。这种培养法多结合作物栽培在预留行内同时进行。栽培多年生植物比一年生植物的效果好，在叶面繁茂和水、肥条件较好的农田中养殖效果更好。

一般可在种植棉花、玉米、小麦和大豆等的农田中培养，培养地要选择排水性能好、能防冻、无农药污染的地方。培养方法可在田边或农作物预留行间，开挖宽和深均为 20 厘米的沟，放入厚 15～20 厘米基料和蚓种，上面覆盖土或稻草。保持基料和土壤湿度 50% 左右，上面的料做到用手挤压时，手指缝间有水滴，底层有积水 1～2 厘米即可。夏天早晚各浇水 1 次，冬天 3～5 天浇水 1 次。在培养过程中还要投喂饵料，饵料用经过腐熟分解后的有机质为好，要具有细、熟、烂、易消化的特点。饵料的制作方法：用杂草、树叶、塘泥搅和堆制发酵；也可用猪粪、牛粪堆制发酵，冬天上面要盖塑料薄膜或垃圾、杂草，帮助催化，15～20 天即可使用。加喂料厚 15～20 厘米，20 天左右加料 1 次，1～2 天后蚯蚓就会进入新鲜饵料中，与卵自动分开。陈饵中的大量卵茧，可另行孵化，也可任其自然孵化。

基料和饵料：天热用薄料、天冷用厚料，通气要良好，薄料中要加入适量木屑和杂草，增进通气；厚料可用木棍自上而下戳洞，改善供氧并排出料中废气。

2. 室内饲养

室内饲养具有占地面积少、管理方便简单、产量高等优点，是目前主要的饲养方法，根据饲养方式及饲养规模，大体可分为多层式箱养、盆养、池槽培养等多种方式。

（1）多层式箱养

这是为充分利用立体空间而推行的一种饲养方式，在室内架设多层床架，在床架上放置木箱。木箱像养殖蜜蜂的蜂箱一样，规格一般为 40 厘米×20 厘米×30 厘米或 60 厘米×30 厘米×30 厘

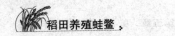

米或 60 厘米 ×40 厘米 ×30 厘米，箱底和侧面要有排水孔，孔的直径为 1 厘米左右。排水孔的作用除排水和通气以外，还可散热，以防止箱中由于饲料发酵而使温度上升得过快、过高，引起蚯蚓窒息死亡。内部可以再分 3~5 格，每格间铺设 4~5 厘米厚的饲料，每平方米可放日本'大平 2 号'蚯蚓 2500 条左右。在两行床架之间设人行道，室内温度保持在 20 ℃左右最适宜，湿度保持在 75% 左右，可以常年生产，但注意防止鼠患及蚂蚁的危害。

（2）盆养

可用陶缸、瓦盆、木盆、花盆等进行养殖，适用于家庭饲养蚯蚓，缺点是盆体较小，投放量较少，形不成规模。

（3）池槽培养法

饲养槽一般用砖石砌成长方形，大小因地制宜，饲养槽上面要搭简易棚顶，目的是保持温度和湿度。池槽可以批量饲养蚯蚓，而且产量比较高，饲养比较方便，通常每平方米放幼蚯蚓 1500 条左右，平时要注水、浇水、防敌害。

（三）蛆蛹的培育

蛆蛹为蝇的幼虫，是一种营养价值很高的蛋白饲料，干物质中蛋白质含量达 50%~60%，脂肪达 10%~29%，可用于饲养家禽、鱼、鳖、龟、虾等，效果与鱼粉相似。

蛆蛹培养由饲养成蝇、培养蛆蛹和蛆粪分离 3 个环节组成。

（1）饲养成蝇

成蝇生长繁殖的适宜温度为 22~30 ℃，相对湿度为 60%。成蝇的饵料，大都是由奶粉、糖和酵母复合而成，亦可用鸡粪加禽畜尸体，或用蛆粉和鱼粉代替奶粉饲养。培养房内设方形或长方形蝇笼，笼内置水罐、饵料罐和接卵罐。雌蝇在羽化后 4~6 天开始产卵，每只雌蝇一生产卵千粒左右，寿命约为 1 个月。接卵时，用变酸的奶、饵料加几滴稀氨水和糖水，再加少量碳酸铵或鸡粪浸出液，将布或滤纸浸润后放入接卵罐内，成蝇就会将卵产于布或滤纸上。

（2）培养蛆蛹

养殖蛆房内温度应保持在 22 ~ 27 ℃，相对湿度为 41%。培养盘的大小以方便为原则，内铺新鲜鸡粪，厚度为 5 ~ 7 厘米，含水量为 65% ~ 75%。为更好通气，可在鸡粪中适当掺入一些麦秸或稻糠，每千克鸡粪可接卵 1.5 克。幼虫期为 4 ~ 9 天。

（3）蛆粪分离

一般直接把蛆和消化过的鸡粪一并烘干作饲料。若要分离，可利用蛆避光的特点进行。

（四）土法培育蝇蛆

蝇蛆是一种营养价值较高的动物，蝇蛆的营养价值、消化性、适口性都接近鱼粉。据有关资料介绍，蝇蛆粗蛋白含量占 54% ~ 62%、粗脂肪占 13.4% ~ 23%、糖类占 10% ~ 15%，是饲养蛙类的优质高效蛋白动物性饵料。

蝇蛆是苍蝇的幼虫，苍蝇繁殖力强，繁殖周期短，幼虫期生长快，适合人工培育且方法简单，只要用较小的地方，就可在短期内繁殖并生产出大量的蝇蛆。

在人工养殖经济蛙类时，可就地取材，充分利用废料，利用土法简易培育蝇蛆，是解决蛙类活饵料的有效方法之一。现将常用的几种人工简易培育蝇蛆的方法介绍如下。

1. 引蝇育蛆法

夏季苍蝇繁殖力强，可选择室外或庭院的一块向阳地，挖成深 0.5 米、长 1 米、宽 1 米的小坑，用砖砌好，再用水泥抹平。用木板或水泥预制板作为上盖，并装上透光窗，用玻璃或塑料布封住窗户（透光窗）。再在窗上开一个 5 厘米 × 15 厘米的小口，

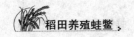

池内放置烂鱼、臭肠或牲畜粪便，引诱苍蝇进入繁殖。但一定要注意让苍蝇只能进不能出，雨天应加盖，以免雨水影响蝇蛆的生长。蛆虫的饲料，采用新鲜粪便效果较佳。经半个月后，每池可产蛆虫 6～10 千克，不仅个体大，而且又肥又嫩，捞出消毒后即可投喂。

2. 土堆育蛆法

将垃圾、酒糟、草皮、鸡毛等混合搅成糊状，堆成小土堆，用泥封好，待 10 天后，揭开封泥，即可见到大量的蛆虫在土堆中活动。

3. 豆腐渣育蛆法

将豆腐渣、洗碗水各 25 千克，放入缸内拌匀，盖上盖子，但要留一个供苍蝇进去的入口，沤 3～5 天，缸内便繁殖出大量的蛆虫，把蛆虫捞出消毒、洗净后即可投喂。也可将豆腐渣发酵后，放入土坑，加些淘米水或米饭水，搅拌均匀后封口，经 5～7 天也可产生大量蝇蛆。

4. 牛粪育蛆法

把晾干粉碎的牛粪混合在米糠、麸皮内，用污泥拌匀，堆成直径 100～170 厘米、高 100 厘米的圆堆，盖上草帘，每日浇水 2～3 次，使堆内保持半干半湿状态。10 天后，可长出大量小蛆，翻动土堆，轻轻取出蛆后，再把原料装好，10 天后，又可产生大量蝇蛆。

5. 猪血、野杂鱼、豆浆混合育蛆法

先从屠宰场购回 3～4 千克新鲜猪血，加入少量枸橼酸钠柠檬酸钠抗凝结，放入盛放水 50 千克的水缸中，再加少量野杂鱼搅匀，以提高诱种蝇能力。然后准备一条破麻袋覆盖缸口，用绳子扎紧，置于室外向阳处升高料温。种蝇可以从麻袋破口处进入缸内，经 7～10 天即有蛆虫长出。再将 0.5 千克黄豆用温水浸软，磨成豆浆倒入缸中以补充缸料。再经 4～5 天，就可以用小抄网捕大蛆，小蛆虫仍然放回缸内继续培养。以后只要勤添豆浆，就可源源不断地收取蛆虫，冬季气温较低时，可加温繁育。

6. 稀粥育蛆法

选 3 小块地，轮流在地上泼稀粥，然后用草等盖好，2 天后就生出小蛆虫，在此期间要注意防雨淋、水浸。

7. 稻草育蛆法

将稻草铡成 3～7 厘米长的碎草段，加水煮沸 1～2 小时，埋入事先挖好的长 100 厘米、宽 67 厘米、深 33 厘米的土坑内，盖上 6～7 厘米厚的污泥，然后用稀泥封平。每天浇水，保持湿润，8～10 天便可生出蛆虫。

8. 秸秆育蛆法

在能避开阳光的湿润地方，挖一个深 1 米的地坑。装料时，先在底部铺上一层瓜果皮、植物秸秆、杂草或其他垃圾，随即浇上一层人粪尿（湿润为宜）。然后盖上一层约 33 厘米厚的垃圾，浇上一些水，最后再堆放上各种垃圾，直到略高于地面。用泥土将其封闭，时常浇上一些淘米水（不要过湿），2 个星期后开坑，里面就会长出许多蛆虫。

9. 树叶、鲜草育蛆法

此法用鲜草或树叶 80%、米糠 20% 混合后拌匀，并加入少量水煮熟，倒入瓦缸或池内，经 5～7 天，便能育出大量蛆虫。

10. 酒糟育蛆法

一种方法是将酒糟、鸡毛、草皮、垃圾等加水混合拌成糊状堆放在一起，用烂泥盖好，10 天左右就会长出蛆虫。一般鸡毛和酒糟越多，长虫越快。

另一种方法是选择潮湿的地方，根据料的多少，挖一个深约 30 厘米的土坑，在坑底铺一层碎稻草。然后把碎稻草或麦秆、玉米秸秆铡成 5～6 厘米长，并加入杂草，再掺入酒糟、麸皮，浇水拌匀，置于缸内。最后用土盖实盖严，10 天左右便可生出

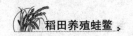

蛆虫。

11. 猪血、黄豆、花生饼育蛆法

用黄豆 0.6 千克、花生饼 0.5 千克、猪血 1~1.5 千克，将三者混合均匀，密封在水缸中，在 25 ℃左右条件下，经 4~5 天便开始出现蛆虫，而且蛆虫量一天天增多。这种蛆虫个体大、富含蛋白质及维生素、营养丰富，营养价值接近优质鱼粉。

（五）水蚯蚓的培育

水蚯蚓的繁殖季节变化不像鱼虫那样明显。它们的身体细长呈线状，体色鲜红或深红，终年生活在天然水域中有机质特别丰富的泥底内，一部分身体钻入底泥中，大部分身体在水层中不停地颤动。周围稍有响动，都能使它受惊而将身体全部缩入泥中，直到声响消失，才会伸出泥外恢复颤动。捞取水蚯蚓时要带泥团一起挖回，装满桶后，需要取蚓时，盖紧桶盖，几小后，打开桶盖，可见水蚯蚓浮集在泥浆表面。捞取的水蚯蚓要用清水洗净后才能投喂。取出的水蚯蚓保质期间，需每日换水 2~3 次。在春、秋、冬三季可存活 1 周左右。保存期如发现虫体颜色变浅且相互分离，蠕动又显著减弱时，即表示水中缺氧，虫体体质减弱，有很快死亡腐烂的危险，应立即换水抢救。在炎热的夏季，保存水蚯蚓的浅水器皿应放自来水龙头下用小股流水不断冲洗，才能保存较长时间。

（六）田螺的培育

田螺是稻田养殖蛙鳖的主要天然活饵料之一，因此在稻田养殖蛙鳖时，我们总是建议大家在田间沟里放养一些田螺，放养量为每亩 200 千克左右。

1. 投放密度

人工养殖田螺，必须根据实际灵活掌握种螺的投放密度。一般情况下，在专门单一养成螺的池内，密度可以适当大一些，每

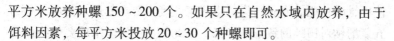

平方米放养种螺 150～200 个。如果只在自然水域内放养，由于饲料因素，每平方米投放 20～30 个种螺即可。

2. 饲料投喂

田螺的食性很杂，人工养殖除由其自行摄食天然饲料外，还应当适当投喂一些青菜、豆饼、米糠、番茄、土豆、蚯蚓、昆虫、鱼虾残体及其他动物内脏、畜禽下脚料等。各种饲料均要求新鲜不变质、富有养分。仔螺产出后 2～3 个星期即可开始投饵。田螺摄食时，因靠其舌舔食，故投喂时，应先将固体饲料泡软，把鱼杂、动物内脏、屠宰下脚料及青菜等剁碎，最好经过煮熟成糜状物后，再用米糠、豆饼或麦麸充分搅拌均匀后分散投喂（即拌糊撒投），以适应舔食的需要。每天投喂 1 次，投喂时间一般在上午 8—9 时为宜，日投饵量为螺体重的 1%～3%，并随着体重的增长，视其食量大小而适量调整，酌情增减。对于一些较肥沃的鱼螺混养池则可不必或少投饵料，让其摄食水体中的天然浮游动物和水生植物即可。

3. 注意科学管理

人工养殖田螺时，平时必须注意科学管理，才能获得好的收成。

（1）注意观测水质、水温

田螺的养殖管理工作，最重要的是要注意管好水质、水温，视天气变化调节、控制好水位，保证水中有足够的溶氧量，这是因为田螺对水中溶氧很敏感。据测定，如果水中溶氧量在 3.5 毫克/升以下时，田螺摄食量明显减少，食欲下降；当水中溶解氧降到 1.5 毫克/升以下时，田螺就会死亡；当水中溶氧量在 4 毫克/升以上时，田螺生长状况良好。在夏、秋是摄食旺盛且气温较高的季节，除了提前在水中种植水生植物，遮阴避暑外，还要采用活水灌溉池塘，即形成半流水或微流水式养殖，以降低水温、增加溶氧量。此外，凡含有强铁、强硫质的水源，绝对不能

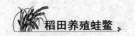

使用，受化肥、农药污染的水或工业废水要严禁进入池内。鱼药五氯酚钠对田螺的致毒性极强，因此禁止使用。水质要始终保持清新无污染，一旦发现池水受污染，要立即排干池水，并注入清新的水。

（2）注意观察采食情况

在投饵饲养时，如果发现田螺厣片收缩后肉溢出，说明田螺出现明显的缺钙现象，此时应在饵料中添加虾皮糠、鱼粉、贝壳粉等；如果厣片陷入壳内，则为饵料不足饥饿所致，应及时增加投饵量，以免影响生长和繁殖。

（3）加强螺池巡视

田螺有外逃的习性，在平时要注意加强螺池的巡视，经常检查堤围、池底和进出水口的栅闸网，发现裂缝、漏洞，要及时修补、堵塞，防止漏水和田螺逃逸。同时要采取有效措施预防鸟、鼠等天敌伤害田螺；注意稻田里不要混养青鱼、鲤鱼、鲈鱼等杂食性和肉食性鱼类，避免田螺被吞食；越冬种螺上面要盖一层稻草以保温、保湿。

（七）福寿螺的培育

福寿螺是甲鱼的优质饵料，福寿螺的养殖方式多种多样，一般常见水域及水体都可进行养殖。既可从小螺到成螺一起养殖，也可分阶段具体养殖。在幼螺阶段可以用小池、缸盆饲养，成螺阶段可以在水泥池、缸等小水体中饲养，也可在池塘、沟渠、稻田中饲养。我国华北地区饲养3~4个月，平均体重可达70克以上，而在南方养殖1年可长到200克左右，最大个体达400~600克，通常在池塘中专池饲养亩产可达5吨左右，产值和效益比较可观。

1. 水泥池精养

水泥池精养的优点：一是单位面积的产量高；二是易管理。若水泥池较多时，可配套排列分级养殖。水泥池精养时的放养密度应根据苗种大小和计划收获规格而定，初放密度每平方米总体重不宜大于 1 千克，最后可收获 5 千克左右。

2. 小土池精养

小土池精养的优点：一是成本低；二是产量高；三是管理方便。小土池精养的放种密度应比水泥池精养密度小一些；小土池养福寿螺，生长速度稍比水泥池快，且水体质量容易控制，是目前的主要养殖模式。

3. 池塘养殖

池塘水面较开阔，水质较稳定，池塘养殖福寿螺生长速度快、产量高，亩产高的可超过万斤。为了方便管理，养殖福寿螺的池塘面积不宜太大，水位不宜过深，一般面积以 1～2 亩为宜，水深在 1 米较适合。养殖密度可大可小，如每亩可放养小螺为 5 万～10 万粒，可实行一次放足、多次收获、捕大留小的方式，同时创造良好的环境，促进其自然繁殖、自然补种。

4. 网箱养殖

水面较大、水质较好的池塘、湖泊、水库里，可架设网箱养螺。由于网箱环境好、水质清新，故螺生长快、单产高，还具有易管理、易收获的优点。其放养密度可比水泥池稍大，每平方米的放养量可超过 1.1 千克，收获时的产量可超过 6 千克。网箱的网目大小以不走幼螺为度，一般用 10 目的网片加工而成。养螺的深度设置可低于网箱养鱼的深度，箱高 50 厘米为好。在网箱里可布设水花生、水浮莲等攀爬物。

5. 水沟养殖

养殖福寿螺的水沟以宽 1 米、深 0.5 米为宜，可利用闲散杂地开挖沟渠养螺，也可利用瓜地、菜地、园地的浇水沟养殖。新开挖用于养螺的水沟要做好水源的排灌改造，做到能灌、能排，同时也要做好防逃设施。开好沟后，用栅栏把沟拦成几段，以方便管理，沟边可以种植瓜、菜、豆、草等，利于夏季遮阴，也能

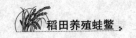

充分利用空间，增加收入。利用水沟养螺的优点是投资少、产量较高，其放养密度与小土池精养时放养密度相当。

6. 稻田养殖

稻田养殖福寿螺，可以增加土地肥力，具体做法分为三种：一种是稻螺轮作，即种一季稻养一季螺；二是稻螺兼作，即在种稻的同时又养螺，水稻起遮阴作用，使螺有一个良好的生长空间；三是变稻田为螺田，常年养螺。

(八) 灯光诱蛾

飞蛾类是蛙鳖的高级活饵料，可利用黑光灯大量诱集蛾虫。根据试验和实践表明，在养殖蛙鳖的稻田中（主要是在田间沟里）装配黑光灯，利用黑光灯发出的紫光和紫外光引诱飞蛾、昆虫，一方面可以为鳖、蛙类增加一定数量廉价优质的鲜活动物性饵料，加快并促进它们的生长，可使产量增加 10% ~ 15%，降低饲料成本 10% 以上；另一方面诱杀了附近农田的害虫，有助于农业丰收。

1. 黑光灯的装配

(1) 灯管的选择

试验表明，效果最好的是 20 瓦和 40 瓦的黑光灯管，其次是 40 瓦和 30 瓦的紫外灯管，最差的是 40 瓦的日光灯管和普通电灯管。为了节约成本应选择 20 瓦的黑光灯管。

(2) 灯管的安装

选购 20 瓦的黑光灯管，装配上 20 瓦普通日光灯镇流器，灯架为木质或金属三角形结构。在镇流器托板下面、黑光灯管的两侧，再装配宽为 20 厘米、长与灯管相同的普通玻璃 2 ~ 3 片，玻璃片间夹角为 30° ~ 40°。蛾虫扑向黑光灯碰撞到玻璃上，触昏后掉落水中，有利于蛙鳖摄食。接好电源（220 伏）开关，开灯后可以看到蛙鳖争食落入水中的飞虫的情景。

（3）固定拉线

在田间沟的田埂内侧埋栽高 15 米的木桩或水泥柱，柱的左右分别拴 2 根铁丝，间隔 50～60 厘米，下面一根离水面 20～25 厘米，拉紧固定后，用来挂灯管。

（4）挂灯管

在 2 根铁丝的中心部位，固定安装好黑光灯，并使灯管直立仰空 12°～15°，以增加光照面，1～3 亩的稻田一般要挂 1 组，5～10 亩的稻田可分别在田间沟的两长边安装 2 组即可。

2. 诱虫时间与效果

（1）诱虫时间

黑光灯诱虫从每年的 5—10 月初，共 5 个月时间。诱虫期内，除大风、雨天外，每天诱虫高峰期在晚上 8—9 时，此时诱虫量可占当夜诱虫总量的 85% 以上。午夜 12 点以后诱虫数量明显减少，为了节约用电，延长灯管使用寿命，午夜 12 点以后即可关灯。夏天白昼时间较长，以傍晚开灯最佳。根据测试，如果将开灯第 1 个小时诱集的蛾虫数量总额定为 100% 的话，那么第 2 个小时内诱集的蛾虫总量则为 38%，第 3 个小时内诱集的蛾虫总量为 17.3%。因此，每天适时开灯 1～2 个小时效果最佳。

（2）诱虫种类

据报道，黑光灯所诱集的飞蛾种类较多，有 16 目 79 科 700 余种。蛾虫出现的时间有一定的差别，在 7 月以前，多诱集到棉铃虫、地老虎、玉米螟、金龟子等，每组灯管每夜可诱集 1.5～2 千克，相当于 4～6 千克的精饲料；7 月气温渐高，多诱集到金龟子、蚊、蝇、蜢、蚋、蝗、蛾、蝉等，每夜可诱集 3～4 千克，相当于 10～13 千克的精饲料；从 8 月开始，多诱集到蟋蟀、蝼蛄、蚊、蝇、蛾等，每夜可诱集 4～5 千克，相当于 15～20 千克的精饲料。

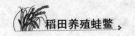

（3）诱虫效果

据观察，一盏 100 瓦的黑光灯在一夜可以诱杀蛾虫数万只，这些虫子掉进田间沟里，会发出扑腾、扑腾的响声，直接吸引蛙鳖前来捕食，为它们提供了大量的蛋白质丰富的动物性鲜活饵料。不仅减少人工投饵量，而且蛙鳖在争食昆虫时，游动急速、跳动频繁，可促进它们的新陈代谢，增强它们的体质和抗逆性，减少疾病的发生，对蛙鳖的生长发育有良好的促进作用，同时还能保护周围的农作物和森林资源。一支 40 瓦的黑光灯，开关及时，管理使用得当，每天开灯 3 小时，在整个养殖期间可诱集各种蛾虫 300 千克左右。

在进行灯光诱蛾时，要注意"四不开"：即大风之夜蛾虫数量少时不开灯；圆月之夜黑光灯散出的紫外光和紫光的光点、光线比较微弱，可以不开灯；午夜 10 点以后，蛾虫诱集的数量逐渐减少，而且蛾虫大都也停止活动，可以不开灯；雨夜，蛾虫的羽翼易受雨淋，很少活动，雨水又易引起灯管爆炸或电线接头短路，故此时也不宜开灯。

第五节　蛙饵料的投喂

一、设置饵料台

在人工投喂饵料时，不可能每次都被蛙吃完，为了便于清除残留食物，防止田间沟里的水质恶化，减少蛙病害的发生，喂给蛙的饲料必须投放在饵料台上。

饵料台可用泡沫板制作，也可用木框聚乙烯网布制作。用泡沫板制作时，一般将泡沫板裁成长 50～60 厘米、宽 40～50 厘米、厚 3～4 厘米，再在其长边的中心点钻个小洞，将一根小竹竿穿过小洞固定在田间沟中即可。木框聚乙烯网布饵料台制作方法是：先做一个长60厘米、宽50厘米、高8~10厘米、厚2厘米的木框，然后将聚乙烯网布拉紧，用塑料包装袋压条，再用小铁钉钉在木框的底部。如果制作的饵料台浮力不足，就在饵料台的两端再缚1条泡沫条，用以增加饵料台的浮力。蛙类饵料台以每200~300只蛙搭设1个为宜。

二、驯食

人工培育的活饵料可直接投放在饵料台上，由于活饵料是运动的，蛙可以直接进行捕食。但是对于死饵料投喂，一定要事先对蛙进行驯食，这是因为蛙的眼睛是近视的，而且只对运动的食物感兴趣，如果死饵不"动"起来，那么蛙就不会吃食。因此要想将配合饲料或刚死亡的新鲜饵料顺利地让蛙吃下去，就必须经过驯食。驯食就是人为地驯养蛙由专吃昆虫等活饵料改为部分或全部吃人工配合饲料、蚕蛹、死饵等静态饵料。我们提倡早驯食要好于晚驯食，晚驯食要强于不驯食，因此驯食的蛙龄越小，驯食所用的时间就越短，驯食的难度就越小，当然驯食效果也就越好，饵料损失也就越少。一般要求在幼蛙变态后的1周内就开始驯食。

1. 拌虫驯食

拌虫驯食简单地说就是用活动虫子的运动来刺激蛙类捕食死饵料，这种驯食的方法可以分成以下几个步骤：第一步是将饲料加工成合适的大小，这种大小既要能让蛙看起来和虫子差不多大小，让蛙误认为是鲜活的虫子，同时又要能让不同阶段的蛙能一口吞下，因此可将蚕蛹、猪肺、鱼块等静态饵料和人工配合饲料加工成直径小于3毫米的颗粒饲料；第二步是放虫子，将加工后的饵料放到饵料台上，再按一定的比例在这些静态饵料上放黄粉虫、蛆虫、蚯蚓等会爬行的活饵料；第三步是刺激蛙捕食，在驯

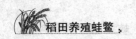

食前先要将蛙饿2~3天，然后把死饵料和活饵料都放到饵料台上，这些活饵料在静态饵料中间爬行、蠕动和翻滚，从而带动静态饵料的位移和滚动。蛙见到这些饵料由静变动，误认为是"活虫"，在争食活饵料的同时也摄食了这些"动"的静态饵料；第四步是循序渐进、强化驯食，拌虫驯食一般分3个阶段，也就是"三分之一"原则，就是第一阶段用1/3死饵料拌和2/3活饵料饲喂，以活带动死，第二阶段是采取死饵料和活饵料对半拌和饲喂，让蛙渐渐适应活饵料减少的结果，第三阶段以2/3死饵料拌和1/3活饵料饲喂，仍然让活饵料的"动"来刺激蛙的捕食欲望。每个驯食阶段以1周为宜。若效果不理想，可延长时间，直到蛙能直接摄食死饵料为止。

2. 拌鱼驯食

拌鱼驯食就是在饵料台上放上鱼，通过鱼的作用来达到驯食的效果。拌鱼驯食的步骤也可以分为这样几步：第一步是将木框聚乙烯网布的饵料台放在田间沟中，确保饵料台底部的网布沉入水中4~5厘米；第二步是将加工成直径小于3毫米的静态饵料倒在饵料台上，让它们在饵料台内自由漂浮；第三步是将20~30尾活泥鳅和麦穗鱼放到饵料台内，泥鳅和麦穗鱼最好要小一点，以体长3厘米左右为宜；第四步是刺激蛙捕食，由于泥鳅和麦穗鱼的活性很强，它们在饵料台内上游下窜，从而带动了静态饵料的移动和翻动，蛙看到那些"动"的东西，会误以为是"活虫"而争食。

3. 抛食驯食

抛食驯食的方法是比较简单的，但是驯食效果不如前面2种好，驯食步骤是这样的：第一步是在食场附近放置一个面积为2~4平方米的饵料台，并在饵料台的上方斜搁1块小木板，小木块的一端连着饵料台，另一端固定在堤岸上；第二步是将静态饵料加工成直径小于3毫米左右备用；第三步是在驯食时先撒一点黄粉虫等活饵料在饵料台上，再将准备好的饵料轻轻地抛向斜搁的小木板上，这些饵料沿着斜放的木板滚落到下面的饵料台上，蛙会误以为"活虫"而争食；第四步是循序渐进、强化驯食，慢慢地将活虫的数量减少即可。

4. 滴水驯食

滴水驯食就是利用水滴形成的波动而带动饵料的活动，造成蛙视觉上的误差而促使其捕食的效果。滴水驯食的步骤：第一步是将木框聚乙烯网布的饵料台放在田间沟中，在饵料台内放置1~2块小石块，目的是利用重力的作用将饵料台网底沉入水中4~5厘米；第二步是营造滴水的环境，在饵料台的正中上方设一条小水管，水连续不断地滴入饵料台的正中，从而荡起水波和涟漪；第三步是将静态饵料放入饵料台，饵料在水滴的作用下不断地漂动，蛙会误以为"活虫"而争食。

5. 震动驯食

震动驯食是利用震动的原理造成静态饵料被动地"活"起来，从而造成蛙的视觉误差而促使其捕食。震动驯食的步骤：第一步是将饵料台安装在田间沟的田埂边上，饵料台底部离地面5~7厘米；第二步是在饵料台上安装震动装置，就是将弹性很好的弹簧安装在饵料台底部的正中或四角；第三步是将静态饵料和少量的蛆虫、蚯蚓等活饵料一起放在饵料台上；第四步是震动驯食，当蛙看见活动的蛆虫、蚯蚓时，就会立即跳上饵料台，随着蛙不断地跳上跳下，饵料台也因为弹簧的弹性作用而上下震动，这种震动也带动了静态饵料不停地震动和滚动，蛙会误以为"活虫"而争食。

驯食期间的注意事项：一是由于蛙有大蛙吃小蛙、同类相残的习性，因此不宜将捕获的野生幼蛙或野生蝌蚪作为蛙饲料，以免驯食失败；二是驯食蛙时不可操之过急，要因势利导、循序渐进地进行，逐渐培养其对静态饵料引起条件反射的能力，要逐步减少活饵，增加静态饵料；三是要强化驯食效果，将已驯化的蛙

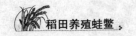

坚持放在固定的时间和固定的地点投喂静态饵料。

三、"四定"投喂技巧

为了提高蛙饵料的利用率，促进蛙的快速生长，对蛙的投饵也要讲究"四定"投喂技巧。

1. 定时

无论是活饵料还是颗粒饵料，一般每天可投喂 4 次，即上午8 时、11 时，下午 2 时、5 时各 1 次，尤其是下午 5 时的那 1 次是最主要的投喂时间，可占一天饵料的 50% ~60%。

2. 定点

也就是在投喂蛙饵料时，一定要搭设饵料台，将饵料放在饵料台上，不要到处乱撒、乱喂。

3. 定量

蛙的食欲是十分旺盛的，平时蹦跳不停都是为了寻找可口的食物，因此蛙的投饵量宜多不宜少，可采取少量多次的方法，每次投喂的饵料在一个半小时左右吃完为宜。日投饵量为蛙体总重量的 10% ~15%。

4. 定质

一是要求活饵料要新鲜，不能死亡过久；二是要求颗粒饵料不能有霉变质的现象；三是颗粒饵料的直径要适口，以小于 3 毫米为宜。

第六节　鳖饲料的投喂

一、饲料选择

饲料成本在总养殖成本中占 40% 左右，饲料的投喂与所选饲料品质的好坏，决定了养殖成本控制的成败。特种水产饲料行业已进入薄利阶段，只有靠规模效应来降低成本，提高市场竞争力，靠稳定的质量塑造品牌。因此作为鳖养殖户，不应图便宜使用劣质饲料，应选择大型、正规厂家生产的全价配合饲料。大型、正规厂家的技术与设备决定了饲料的技术含量与品质，选择高品质饲料是降低成本的关键之举。

下面举一个例子来说明在选择饲料时的价格和成本的关系。某优质饲料，市场价格 8000 元/吨，饵料系数能达到 1.2，养殖出 1 吨鳖需 $8000 \times 1.2 = 9600$ 元，即每养殖 500 克鳖的饲料成本为 4.8 元；某品质较差的饲料 7500 元/吨，饵料系数 1.5，养殖出 1 吨鳖需 $7500 \times 1.5 = 11\,250$ 元，即每养殖 500 克鳖的饲料成本为 5.6 元。仅此一项，每养殖 500 克鳖的饲料成本差距就有 1.2 元，这还不包括优质饲料所带来的生长速度快、病害少、死亡率低等降低成本的因素。如此优势，无疑增强了采用优质饲料养殖鳖的市场竞争力。

二、投喂方法

在自然条件下，以投喂动物性饲料为主，稚鳖喂水生昆虫、水蚯蚓等，幼鳖和成年鳖喂小鱼、虾、蟹、蛙、蚌、螺、蚬等；在大规模人工饲养条件下，以投喂配合饲料为主，适当搭配动物性饲料等，其比例为 7∶3 为宜。可用音乐训练鳖，每次喂食前放一段音乐，待鳖形成条件反射，即会集中在固定场所。也有在投喂之前，用勺子敲击盆或饵料台，发出声响来让鳖形成条件反射。水下投喂适合鳖的摄食习性，能使鳖吃食速度加快，采用软颗粒投喂比块状投喂能减少饲料浪费。

三、投喂技巧

"定时、定位、定质、定量"的四定原则是养殖鳖最基本的

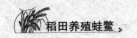

投喂原则，当然也要注意饲料的合理搭配。

1. 定时

每天投喂 2～3 次，如果选 2 次，投喂时间以上午 10 时、下午 3 时左右为宜。如果选 3 次，可在夜里 10 时左右投喂 1 次，每次控制在半小时内吃完。

2. 定位

颗粒饲料投喂时最好定位，选择固定场所投喂，这样鳖形成习惯之后，会自动群集索食。投喂饲料时，可采用多种方法来实现定位投喂的效果。

一是水上栅板条状投喂法。这是一种把饲料做成圆柱形长条状放在一块特制的带栅栏的饵料板上投喂的方法。栅板的制作方法：取厚 2 厘米、宽 25 厘米、长根据投饵池边的长而定的木板，然后在离长边 10 厘米处顺长边钻一排栅柱孔，孔距为 1 厘米（一般以稚鳖爬不进去为宜），栅柱粗细约为普通竹筷子的一半粗，长 15 厘米，钉于栅孔上即可。料板制好后与水平面呈 30°斜置于田间沟边（靠近栽秧的一侧），其中，栅下 2 厘米于水中，而板的底部则再铺一排水泥瓦，供鳖爬行吃食。

饲料条的粗细根据鳖的大小而定，一般稚鳖苗阶段（10～15 克）为 1～3 厘米直径粗，幼鳖阶段（50～200 克）为 3～5 厘米直径粗，成年鳖阶段（200 克以上）为 5～8 厘米直径粗即可。投喂时料条顺放在料板上，以后根据鳖的长大情况可逐渐抽掉部分栅钉以增大栅距，以便鳖能伸入头颈吃食，这种方法的优点是饲料在水上饵料台中因有栅栏阻拦，不会掉到水中，且鳖也不能随便爬到饲料板上抓坏饲料。由于饲料条较粗，即使有点湿度，饲料也不会糊烂，而鳖在吃食时也是咬多少吃多少，不会把饲料撒落到水中，从而减少了浪费和对水质的污染。投喂 3 小时后，如有剩余饲料也易收起。由于在板上能掌握进食量，也较容易调整投饲量，是目前较好的一种水上投喂法。

二是用石棉瓦半水投喂法。实践表明，颗粒饲料投放在饵料台水陆交界点，是比较符合鳖的摄食习惯的，而且饲料浪费少。定位的方法常用石棉瓦垒成斜面，1/3 伸入水中，2/3 露出水面，饵料就投放在石棉瓦的槽中，先投放在水下，再投放到水陆交界处，最后引导到水位线上面的瓦槽中。水上投喂，要保持环境安静、水质稳定；当鳖摄食时不受外界干扰，并满足其需要的最佳温度，鳖的摄食量不仅不会减少，而且饵料利用率高，还有利于防病促长剂添加，是目前最合理、经济的方式。水上投喂需要注意的是：尽可能扩大饵料台面积，用多个石棉瓦组成，以饵料台长度占鳖田间沟一边的 40% 为准，让更多的鳖能找到自己的饵料台位，减少个体差异。在水族箱中投喂时，也要注意不要让鳖过度争食，以免造成伤害。

三是水下栅笼投喂法：首先是做好饲料板，饲料板可用厚3 厘米、宽 12 厘米、长根据投饵处田间沟边的长度自定，做法与水上栅栏状的相同，但栅笼状须两边有栅栏，以免鳖在吃食时爬进饲料板抓坏饲料，做好置放时先在饲料板底下垫一排水泥瓦，瓦片离水面 15 厘米处，垫好后再把饲料板平放在水泥瓦上，放好后用砖块把饲料板压住，以免饲料板翻转或倾斜。投喂前先把饲料与水用搅拌机充分拌匀，然后用饲料机做成规格与水上投喂相同的条状饲料，投喂时只需把饲料平放在饲料板上即可。大约投喂 3 小时后拿出饲料板，收取剩饵，擦净饲料板。这种方法污染较少，饲料浪费也较把颗粒直接撒在平面水泥瓦上的少。

3. 定质

饲料中往往带有病原体，尤其是不新鲜的天然饵料。饲料中的病原体除了直接进入鳖肌体外，有的还会带入养殖水体中，成为新的传染源。因此，饲料消毒很重要。消毒的方法是将动物性饲料用水洗净，然后用 20 毫克/升的呋喃唑酮浸泡 20 分钟。定质的要求是：保证饵料新鲜卫生，不得投变质的配合饲料和动物

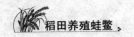

性饲料。定期补充高钙、低磷和含维生素的食物，能促使骨头增长及预防软骨病。

4. 定量

鳖生长应追求一种平稳，不能以增大投喂量来达到加快鳖生长的目的。鳖过量摄食，生长过快，容易导致鳖生理负荷增加或超负，引起内脏受损而诱发内脏病。一般鳖饲料投喂应根据鳖规格大小，按一定比例投料，使鳖健康稳定生长。

鳖摄食受环境变化影响很大，因此鳖的投饲量，应根据鳖的大小和水温高低及投饲时的摄食情况等来掌握。一般较小的鳖日投饲量（占体重的百分数）较高，在水温接近30 ℃时，日投饲率高，水温低时，应减少投喂鲜活饲料，以保持营养均衡。水温降至18 ℃以下时，鳖逐渐停止摄食，不再投饲，准备捕捉上市。

在最佳温度下，稚鳖的日投饲量为其体重的4%～5%，幼鳖为3%～4%，成年鳖和鳖亲本为2%～3%。通常目测以大鳖50分钟吃完，小鳖30分钟吃完为度。夏天气温高时，鳖食欲最盛，在冬季则少食或不食进入冬眠状态，应根据不同的环境因素来决定投饲量。

当气温、水温、水体发生变化及用药时，应考虑对鳖的影响调整投饲量。一般水下投喂应控制在30分钟内吃完。必须注意的是：鳖吃惯某一种饲料后，如突然改投另一种饲料，往往会因不习惯而减少摄食量，影响生长。

5. 饲料的搭配

使用配合饲料时，应加投1%～2%的蔬菜和3%～5%的植物油。在低价鲜鱼易得的地方，在每千克配合饲料中添加3.5～4千克的碎鲜鱼和1%～2%的鲜蔬菜（或青饲料），能促进鳖的摄食量和提高增重率。

第六章　蛙鳖疾病及敌害的防治

第一节　蛙鳖发病的原因

为了更好地掌握蛙鳖发病规律和防止蛙鳖疾病的发生，必须了解蛙鳖发病的原因。根据水产疾病专家长期的研究和我们在养殖过程中的细心观察表明，蛙鳖发生疾病的原因可以从内因和外因2个方面进行分析，因为任何疾病的发生都是由于机体所处的外部因素与机体的内部因素共同作用的结果。在查找病源时，不应只考虑某一个因素，应该把外部因素和内部因素联系起来加以考虑，才能正确找出发病的原因。根据专家分析，蛙鳖疾病发生的原因主要包括致病生物的侵袭、蛙鳖自身因素、环境条件和养殖者人为因素等的影响。

一、致病生物的侵袭

1. 致病生物

常见的蛙鳖疾病多数都是由于各种致病的生物传染或侵入而引起的，这些致病生物称为病原体。能引起蛙鳖生病的病原体主要包括真菌、病毒、细菌、霉菌、藻类、原生动物、蠕虫、蛭类及甲壳动物等，这些病原体是影响蛙鳖健康的罪魁祸首。在这些病原体中，有些个体很小，需要将它们放大几百倍甚至几万倍后才能看见，水产疾病专家称它们为微生物，如病毒、细菌、真菌等。由于这些微生物引起的疾病具有强烈的传染性，所以又被称为传染性疾病。有些病原体的个体较大，如蠕虫、甲壳动物等，

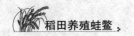

统称为寄生虫，由寄生虫引起的疾病又被称为侵袭性疾病或寄生虫病。

2. 致病生物发病的因素及处理

病原体能否侵入蛙鳖肌体，引起疾病的发生，与病原体传染力的大小与病原体在宿主体内定居、繁衍及从宿主体内排出的数量有密切关系。就数量关系来说，在蛙鳖体内的病原体数量越多，症状就越明显，严重时可直接导致蛙鳖大量死亡。就毒力因素而言，毒力较弱的病原体只有大量侵入蛙鳖体内时，才能引起蛙鳖感染致病，而毒力较强的病原体即使少量感染也能引起疾病的发生。水体条件恶化，有利于寄生生物生长繁殖，其传染能力就较强，对蛙鳖的致病作用也明显。如果利用药物杀灭或生态学方法抑制病原体活力来降低或消灭病原体，如定期用生石灰对养殖稻田进行消毒，或向水体投放硝化细菌或芽孢杆菌达到增加溶氧和净化水质的目的等生态学方法处理水环境，就不利于寄生生物的生长繁殖，对蛙鳖的致病作用明显减轻，蛙鳖疾病发生概率就会降低。因此，切断病原体进入养殖水体的途径，应根据蛙鳖的病原体的传染力与致病力的特性，有的放矢地进行生态、药物和免疫防治，将病原体控制在不危害蛙鳖的程度以下，减少蛙鳖疾病的发生。

3. 动物类敌害生物

在稻田养殖时，有一些能直接吞食或危害蛙鳖的敌害生物。例如，稻田里如果有乌鳢，它喜欢捕食稚蛙鳖和幼小的蛙鳖作为活饵，尤其是在它繁殖的季节，一旦它的产卵孵化区域有幼小的蛙鳖游过，乌鳢亲鱼就会毫不留情地扑上去捕食这些蛙鳖。因此，稻田中若有这些生物，对蛙鳖的危害极大，要及时予以捕杀。

根据我们的观察及参考其他养殖户的实践经验认为：在稻田养殖时，蛙鳖的敌害主要有鼠、蛇、鸟、水生昆虫、水蛭、青泥苔及其他凶猛鱼类和野生蛙类等，这些天敌一方面会直接吞食幼蛙鳖而造成损失；另一方面它们已成为某些蛙鳖寄生虫的宿主或传播途径。

二、蛙鳖自身因素的影响

蛙鳖自身因素的好坏是抵御外来病原菌的重要因素，一只自身健康的蛙鳖肯定能有效地预防部分疾病的发生，自身因素与蛙鳖的生理因素及免疫能力有关。

1. 蛙鳖的生理因素

蛙鳖对外界疾病的反应能力及抵抗能力随年龄、身体健康状况、营养、个体大小等的改变而有所不同。蛙鳖的角盾状皮肤是它抵抗寄生物侵袭的重要屏障。健康的蛙鳖或体表不受损伤的蛙鳖，病原体就无法进入，像腐皮病、水霉病等就不会发生。而当蛙鳖体表不小心受伤，又没有对伤口及时进行消炎处理时，病原体就会乘虚而入，导致各类疾病的发生。

2. 蛙鳖的免疫能力

将同一批、同样大小的蛙鳖饲养在同一水体中，会出现有的蛙鳖生病，有的蛙鳖不生病的现象，说明不同个体对病原体有不同的抵抗力，这种对病原体的抵抗力也被称为免疫能力。在受到病原体袭击时，免疫能力强的蛙鳖可以抵抗病原体的入侵，而免疫能力弱的蛙鳖就可能因为不能抵抗病原体入侵而发病。

三、环境条件的影响

水产养殖环境状况不断恶化是首要原因，另外，养殖生产者自我污染也比较普遍。根据我们的经验认为：环境方面的因素主要包括水温、水质、底质、光照、湿度、降水量、风、雨（雪）等因素，水质主要包括水体酸碱度、溶氧量、毒物等，简单介绍如下。

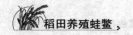

1. 水温

蛙鳖是冷血动物，体温随外界环境尤其是水温变化而发生改变，所以说对蛙鳖的生活有直接影响的主要是水温。当水温发生急剧变化，主要是突然上升或下降时，蛙鳖机体和体温由于适应能力不强，不能正常随之变化，就会发生病理反应，导致抵抗力降低而患病。例如，稚蛙鳖在进温室越冬时，进温室前后的水温差不能相差过大，如果相差 3~5 ℃，就会因温差过大而导致蛙鳖"感冒"，甚至大批死亡。

2. 水质

蛙鳖生活在水环境中，水质的好坏直接关系到它们的生长状况，好的水环境将会使蛙鳖不断增强适应生活环境的能力。如果生活环境发生变化，就可能不利于蛙鳖的生长发育，当蛙鳖的机体适应能力逐渐衰退而不能适应环境时，就会失去抵御病原体侵袭的能力，导致疾病的发生，因此在水产行业内有句话是"养鱼先养水"，就是要在养蛙鳖前先把水质培育成适宜蛙鳖养殖的"肥、活、嫩、爽"的标准。影响水质变化的因素有水体的酸碱度、溶氧、有机耗氧量、透明度、氨氮含量等理化指标。

3. 底质

蛙鳖具有典型的底栖类生活习性，它们的生活、生长都离不开底质，因此底质对稻田养殖的影响较大。

底质，尤其是长期养殖蛙鳖的稻田的田间沟底质，往往是各种有机物的集聚之所，这些底质中的有机质在水温升高后会慢慢地分解。在分解过程中，一方面会消耗水体中大量的溶解氧来保证分解作用的进行，使得底部处于缺氧状态，形成所谓的"氧债"；另一方面，在有机质分解后，往往会产生各种有毒物质，如硫化氢、亚硝酸盐等，这些物质大都对蛙鳖有着很大的毒害作用，并且会在水中不断积累，轻则会影响蛙鳖的生长，使饵料系数增大，养殖成本升高，重则会提高蛙鳖对细菌性疾病的易感

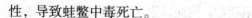

性，导致蛙鳖中毒死亡。

4. 酸碱度

一般地，酸碱度即 pH 为 5.5~9.5，蛙鳖都能生存。当水质偏酸时，蛙鳖生长缓慢，在饲养过程中可用石灰水进行调节，也可用1%的碳酸氢钠溶液来调节。若饲养水质过度偏碱，也会妨碍蛙鳖的正常生长，导致其极易患病，甚至死亡，此时可用1%的磷酸二氯钠溶液来调节。

5. 溶氧量

蛙鳖既可以在水中生活，又可以在陆地上生活，一旦它们感到水中溶解氧明显不足时，就会出现两种本能反应：一是将头部频繁地从水中伸出来，呼吸空气中的氧气，二是爬到陆地上或田埂边，或长期趴在田面上而不到田间沟里。暂时性的缺氧，一时半会对蛙鳖的影响看上去不大，但是却严重影响了它们的生长速度。当田间沟里的溶解氧进一步减少时，就有可能导致蛙鳖生病。

要保持水体中较高的溶氧量，可以从以下几个角度来入手：一是降低放养密度，以减少蛙鳖自身的耗氧；二是加强稻田的水渠配套系统，经常换掉部分老水，输入含氧量高的清洁的新水；三是采用人工增氧，如开启增氧机、投放增氧剂等。

6. 毒物

对蛙鳖有害的毒物很多，常见的有硫化氢及各种防治疾病的重金属盐类。这些毒物不但可能直接引起蛙鳖中毒，而且能降低蛙鳖的防御机能，致使病原体容易入侵。急性中毒时，蛙鳖在短期内会出现中毒症状或迅速死亡。当毒物浓度较低，则表现出慢性中毒现象，短期内不会有明显的症状，但会引起蛙鳖生长缓慢或出现畸形，且容易患病。现在，各种工厂、矿山、工业废水和生活污水日益增多，含有重金属盐（铝、锌、汞等）、硫化氢、氯化物等物质的废水若进入稻田，轻则会影响蛙鳖的健康，重则

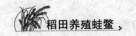

会引起稻田内蛙鳖的大量死亡。因此，建议不要在土壤中重金属盐（铅、锌、汞等）含量较高的稻田里养殖蛙鳖。

四、人为因素的影响

1. 外部带入病原体

在蛙鳖养殖中，我们发现有许多病原体都是人为地由外部带入稻田的，主要表现在从自然界中捞取天然饵料、购买苗种、使用饲养用具等的时候，由于消毒、清洁工作做得不彻底，可能带入病原体。

2. 投喂不当

蛙鳖如果投喂不当，投喂不清洁或变质的饲料，长期投喂单一饲料，饲料营养成分不足、缺乏动物性饲料和合理的蛋白质、维生素、微量元素等，就会导致蛙鳖摄食不正常，引起营养缺乏，造成体质衰弱，就容易感染患病。当然，投饵过多也易引起水质腐败，促进细菌繁衍，导致蛙鳖罹患疾病。另外，投喂的饵料变质、腐败，就会直接导致蛙鳖中毒生病，因此在投喂时要讲究"四定"技巧。在投喂配合饲料时，要求投喂的配合饲料要与蛙鳖的生长需求相一致，这样才能确保蛙鳖的营养良好。

3. 没病乱放药，有病乱投医

水产养殖从业者的综合素质，如健康养殖观念等亟待提高。另外，缺乏科学用药、安全用药的基本知识，病急乱用药，盲目增加剂量，给疾病的防治增加了难度，尤其是原料药的大量使用所造成的危害相当大。大量使用化学药物及抗生素，会造成正常生态平衡被破坏，最终可能导致抗药性微生物与病毒性疾病暴发。

4. 放养密度不当

合理的放养密度和混养比例能够增加蛙鳖产量，而过高的养殖密度始终是疾病频发的重要原因。如果放养密度过大，会造成

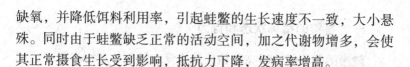

缺氧，并降低饵料利用率，引起蛙鳖的生长速度不一致，大小悬殊。同时由于蛙鳖缺乏正常的活动空间，加之代谢物增多，会使其正常摄食生长受到影响，抵抗力下降，发病率增高。

5. 饲养池进排水系统设计不合理

饲养池的进排水系统不独立，一池蛙鳖发病往往也会引起另一池蛙鳖发病。这种情况特别是在大面积精养或流水池养殖时更要注意预防。

6. 消毒不够

有的时候，我们也对蛙鳖体表、池水、食场、食物、工具等进行了消毒处理，但由于种种原因，或是用药浓度太低，或是消毒时间太短，导致消毒不够，这种无意间的疏忽有时也会使蛙鳖的发病率大大增加。

7. 检疫不严

蛙鳖苗种及亲本的流通缺乏必要的检疫和隔离制度，为疾病的广泛传播创造了条件，会造成种质退化、疾病流行。

有许多养殖户认为，鱼病检疫是国家动检部门的事，与己无关。这种观念是错误的，只要是从外地（包括国内、省内）引种，只要有一定的距离，在引种后都要严格检疫，不能让带伤及带病原体的蛙鳖混入池内，从而引发疾病。

第二节　鳖的健康检查

对患病鳖的基本检查诊断，主要是通过视觉、触觉、嗅觉、听觉来判断。另外，饲养的环境、饲养水质对鳖疾病的诊断也非常重要。

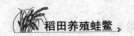

一、看鳖的精神状态和行为

健康的鳖，眼睛明亮有神、动作反应敏捷、爬行有力。如果鳖的精神不振，如爬行时后腿无力、反应迟钝、嗜睡、在水中转圈、爬行转圈、摇摆或歪脖颈等，就有可能是发病了。

二、检查体表

重点检查鳖的皮肤颜色和光泽度的变化，可以判断是否有外伤、体外寄生虫、肿瘤、腐皮、霉菌、营养不良等症状。

三、检查排泄物

鳖的排泄物可以直接昭示鳖的健康状况，不能小视。如果鳖的粪便呈果冻状，就可能是肠道受寄生虫感染了；如果鳖的粪便呈稀稀的状态，那就是腹泻。

四、对一些器官的检查

主要是对鳖的口腔、鼻、眼、泄殖腔孔进行检查，如果口腔内苍白或溃烂，可能是溃烂病；如果鳖张嘴呼吸、拒食、大量饮水、有异常的叫声，那肺炎的可能性极大；如果鳖眼睛里出现浑浊的分泌物，那有可能是呼吸道感染或眼部疾病；如果鳖经常做吃力的排泄动作，那有可能是便秘、结石或难产等。

第三节　蛙鳖疾病的预防

蛙鳖生活在人为调控的小环境里，养殖人员的专业水平一般较高，可控性及可操作性也强，有利于及时采取有效的防治措施；但是它们毕竟生活在水里，一旦生病尤其是一些内脏器官的疾病发生后，蛙鳖的食欲就会基本丧失，常规治疗方法几乎失去效果，导致治疗起来比较困难，一般治愈后都要或多或少死掉一部分，尤其是幼蛙鳖更是如此，给养殖者造成经济和心理上的负担。因此，对蛙鳖疾病的治疗应遵循"预防为主，治疗为辅"的原则，按照"无病先防、有病早治、防治兼施、防重于治"的原理，加强管理，防患于未然，才能防止或减少蛙鳖因死亡而造成的损失。目前在养殖中常见的预防措施有：改善养殖环境，消除病原体滋生的温床；加强蛙鳖苗种检验检疫，杜绝病原体传染源的侵入；通过生态预防，提高蛙鳖体质，增强抗病能力。具体措施如下。

一、改善养殖环境，消除病原体滋生的温床

稻田是蛙鳖栖息生活的场所，同时也是各种病原生物潜藏和繁殖的地方，所以稻田的环境、底质、水质尤其是田间沟里的水质和底质等，都会给病原体的滋生及蔓延造成重要影响。

1. 环境

蛙鳖尤其是幼蛙鳖对环境刺激的应激性较强，因此一般要求养殖蛙鳖的稻田选择在水、电、路三通且远离喧嚣的地方。稻田的走向以东西方向为佳，有利于冬、春季节水体的升温；在修整稻田和开挖田间沟时要注意对鼠、蛇、鳝及部分水鸟的清除及预防。

2. 底质

养蛙鳖的稻田在经过 2 年以上的使用后，淤泥逐渐堆积。淤泥过多，不但影响容水量，而且对水质及病原体的滋生及蔓延产生严重影响，所以说稻田清淤消毒是预防疾病和减少流行病暴发的重要环节。

稻田清淤工作主要有清除田间沟里的淤泥，铲除田间沟边和稻田田埂上的杂草，修整进出水口，加固田埂等。排除淤泥的方

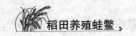

法通常有人力挖淤和机械清淤。除淤工作一般在冬季进行，应先将池水排干，然后再清除淤泥。清淤后的田间沟最好经日光曝晒及严寒冰冻一段时间，以便杀灭越冬的病原体。

3. 水质

在养殖水体中生存着多种生物，包括细菌、藻类、螺、蚌、昆虫、野生蛙及野杂鱼等，它们有的本身就是病原体，有的是传染源，有的是传染媒介和中间宿主，因此必须要对水体进行药物消毒。常用的水体消毒药物有生石灰、漂白粉、鱼藤酮等，最常用且最有效的为生石灰。在生产实践中，由于使用生石灰的劳动量比较大，所以许多养殖场现在都使用专用的水质改良剂，效果也挺好。

4. 稻田的消毒处理

无论是养殖商品蛙鳖的稻田还是养殖幼小蛙鳖的越冬稻田，在蛙鳖苗种进池前都要消毒、清池。

二、改善水源及用水系统，减少病原菌入侵的概率

水源及用水系统是蛙鳖疾病病原体传入和扩散的第一途径。优良的水源条件应是充足、清洁、不带病原生物及无人为污染有毒物质的，水的物理、化学指标应适合于蛙鳖的生活、生长需求。用水系统应使每块稻田有独立的进排水管道，以避免水流将病原体带入。如果是规模化的稻田养殖场，在最初设计时应考虑统一建立专用的蓄水池，这种蓄水池可用上游的稻田开挖。这样可将养殖用水先引入蓄水池，使其自行净化、曝气、沉淀或进行消毒处理后再灌入稻田，就能有效地防止病原体随水源带入。

科学管水和用水，目的是通过对水质各参数的监测，了解其动态变化，及时进行调节，纠正那些不利于养殖动物生长和影响其免疫能力的各种因素。一般来说，必须监测的主要水质参数有pH、溶解氧、温度、盐度、透明度、总氨氮、亚硝基氮和硝基

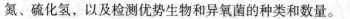

氮、硫化氢，以及检测优势生物和异氧菌的种类和数量。

维持良好的水质不仅是养殖蛙鳖的需要，也是使蛙鳖处在最适条件下生长和抵抗病原生物侵扰的需要。

三、科学引进水产微生物，通过生物作用预防疾病

1. 光合细菌

目前在水产养殖上普遍应用的有红假单胞菌，将其施放到养殖水体后，可迅速消除氨氮、硫化氢和有机酸等有害物质，改善水体和稳定水质，平衡水体酸碱度。但光合细菌对于进入养殖水体的大分子有机物，如残饵、排泄物及浮游生物的残体等，是无法分解利用的。水肥时施用光合细菌可促进有机污染物的转化，避免有害物质积累，改善水体环境和培育天然饵料，保证水体溶氧；水瘦时应首先施肥再使用光合细菌，这样有利于保持光合细菌在水体中的活力和繁殖优势，降低使用成本。

由于光合细菌的活菌形态微细、比重小，若采用直接泼洒养殖水体的方法，其活菌不易沉降到田间沟底部，无法起到良好的改善底质环境的效果。因此，建议全池泼洒光合细菌时，尽量将其与沸石粉合剂一起使用，这样既能将活菌迅速沉降到底部，同时沸石粉合剂也可起到吸附氨的效果。另外，使用光合细菌的适宜水温为 15～40 ℃，最适水温为 28～36 ℃，因而宜在水温 20 ℃以上时使用，切记阴雨天勿用。

2. 芽孢杆菌

芽孢杆菌施入养殖水体后，能及时降解水体中的有机物，如排泄物、残饵、浮游生物残体及有机碎屑等，避免有机废物在池中的累积。同时能有效减少稻田尤其是田间沟内的有机物耗氧量，间接增加水体溶解氧，保持良好的水质，从而起到净化水质的作用。

当养殖水体溶解氧高时，其繁殖速度加快，因此在泼洒该菌

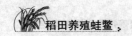

时，最好开动增氧机，以使其在水体中快速繁殖并迅速形成种群优势，对维持、稳定水色，营造良好的底质环境有重要作用。

3. 硝化细菌

硝化细菌是水体中降解氨和亚硝酸盐的主要细菌之一，可起到净化水质的作用。硝化细菌使用很简单，只需用田间沟水溶解泼洒即可。

4. EM 菌

EM 菌中的有益微生物经固氮、光合等一系列分解、合成作用，使水中的有机物质形成各种营养元素，供自身及饵料生物的生长繁殖，同时增加水中的溶解氧，降低氨、硫化氢等有毒物质的含量，提高水质。

5. 酵母菌

酵母菌能有效分解溶于池水中的糖类，迅速降低水中生物耗氧量，在池内繁殖出来的酵母菌又可作为水产品的饵料蛋白利用。

6. 放线菌

放线菌对于养殖水体中的氨、氮降解及增加溶解氧和稳定pH 均有较好的效果。放线菌与光合细菌配合使用效果极佳，可以有效地促进有益微生物繁殖，调节水体中微生物的平衡，可以去除水体和水底中的悬浮物质，亦可以有效地改善水底污染物的沉降性能，防止污泥解絮，起到改良水质和底质的作用。

7. 蛭弧菌

泼洒在养殖水体后，可迅速裂解嗜水气单胞菌，减少水体致病微生物的数量，能防止或减少蛙、鳖等病害的发展和蔓延，同时对于氨氮等有一定的去除作用，也可改善水产动物体内外环境，促进生长，增强免疫能力。

8. 水产微生物的功能

①去碳、去氮：如芽孢杆菌、碱杆菌属、假单胞菌、黄杆菌

等复合菌有去除水中的碳、氮、磷系化合物的能力，并有转化硫、铁、汞、砷等有害物质的功能。

②杀灭病毒：如枯草杆菌、绿脓杆菌具有分解病毒外壳的酶的功能，进而杀灭病毒。

③降解农药：如假单胞菌、节杆菌、放线菌、真菌有降解、转化化学农药的功能。

④絮凝作用：如芽孢杆菌、气杆菌、产碱杆菌、黄杆菌等有生物絮凝作用，可以将水体中的有机碎屑结合成絮状体，使重金属离子沉淀，使水体清澈。

⑤反硝化作用：如芽孢杆菌、短杆菌、假单胞菌都是好氧菌和兼性厌氧菌，以分子氧作最终电子载体，在供氧不充分的时间与空间，可以利用硝酸盐为最终电子载体产生 N_2O 和 N_2，而起反硝化作用，提高 pH。

⑥消解污泥。各种硝化细菌在消解碳、氮等有机污染的同时，也使有机污泥同时得到消解。

四、建立隔离制度，以切断疫病传播蔓延的途径

蛙鳖疫病一旦发生，无论是哪种疾病，特别是传染性疾病，首先应采取严格的隔离措施，以切断疫病传播蔓延的途径。隔离就是对已发病的地区实行封闭，对已发病的稻田，其中的养殖动物不能向其他稻田和地区转移，不能随便排放田水，工具未经消毒不能在其他稻田里使用。与此同时，专业人员要勤于清除发病死亡尸体，及时掩埋或销毁，对发病蛙鳖及时做出诊断，确定对策并分析有无防治价值。

五、加强对蛙鳖苗种的消毒，减少病害发生的概率

即使是健康的苗种，亦难免带有某些病原体，尤其是从外地运来的苗种。因此，必须先进行消毒，药浴的浓度和时间，根据

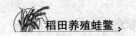

不同的养殖种类、个体大小和水温灵活掌握。

1. 食盐水

这是蛙鳖体表消毒最常用的方法，配制 3%~5% 的食盐水，浸洗 10~15 分钟，可以预防和杀灭蛙鳖的体表寄生虫等。

2. 漂白粉和硫酸铜合剂

漂白粉浓度为 10 毫克/升，硫酸铜浓度为 8 毫克/升，将两者充分溶解后再混合均匀，将蛙鳖放在容器里浸洗 15 分钟，可以预防细菌性皮肤病及大多数寄生虫病。

3. 漂白粉

浓度为 15 毫克/升，浸洗 15 分钟，可预防细菌性疾病。

4. 硫酸铜

浓度为 8 毫克/升，浸洗 20 分钟，可预防体表寄生虫疾病。

5. 敌百虫

浓度为 10 毫克/升，浸洗 15 分钟，可预防部分原生动物病。

六、做好对养殖工具的消毒

各种养殖工具，如稻田使用的网具、塑料和木制工具等，常是病原体传播的媒介，特别是在疾病流行季节。因此，在日常生产操作中，如果工具数量不足，应在消毒后使用。

七、加强对食场消毒的管理工作

食场是蛙鳖进食之处，由于食场内常有残存饵料，时间长了或高温季节腐败后可成为病原菌繁殖的培养基，就为病原菌的大量繁殖提供了有利场所，很容易引起蛙鳖细菌感染，导致疾病发生。同时，食场是蛙鳖最密集的地方，也是疾病传播的地方，因此要定期进行消毒，这是有效的防治措施之一。消毒方法通常有药物悬挂法和泼洒法 2 种。

1. 药物悬挂法

可用于食场消毒的悬挂药物主要有漂白粉、硫酸铜、敌百虫等，悬挂的容器有塑料袋、布袋、竹篓，装药后，以药物能在5小时左右溶解完为宜，悬挂周围的药液达到一定浓度就可以了。

在蛙鳖疾病高发季节，要定期进行挂袋预防，一般每隔15～20天为1个疗程，可预防细菌性皮肤病。药袋最好挂在食台周围，每个食台挂3～6个。漂白粉挂袋每袋50克，每天换1次，连续挂3天；硫酸铜、硫酸亚铁挂袋，每袋可用硫酸铜50克、硫酸亚铁20克，每天换1次，连续挂3天。

2. 泼洒法

每隔1～2周在蛙鳖进食后用漂白粉消毒食场1次，用量一般为250克，将溶解的漂白粉泼洒在食场周围即可。

3. 药饵法

通过体内投喂药饵的方法，可对那些无病或病情稍轻的蛙鳖起到极好的预防或防治作用，药饵的类型有颗粒药饵、拌和药饵、草料药饵、肉食性药饵。这里我们为养殖户介绍一个有效的小验方，每10千克的蛙鳖第一天用诺氟沙星（氟哌酸）1克或大蒜素50克与20克食盐，拌和成药饵，第二天减半，连续投喂5～7天为1个疗程；如果拌和抗生素（抗菌素）作药饵，每10千克的蛙鳖用20～50毫克，连续投喂5～7天为1个疗程。

八、合理放养，减少蛙鳖自身的应激反应

合理放养包含两方面的内容：一是放养的蛙鳖密度要合理；二是混养的不同种类蛙鳖的搭配要合理。合理放养是对养殖环境的一种优化管理，具有促进生态平衡和保持养殖水体中正常菌丛，调节微生态平衡，预防传染病暴发、流行的作用。

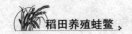

九、不滥用药物

药物具有防病、治病的作用，但是不能滥用和盲目使用。滥用和盲目使用药物，不仅会给养殖者造成一定的经济损失，也会在一定程度上加重养殖水域的污染。如抗生素（抗菌素），如果经常使用就可能污染环境，使微生态平衡失调，并使病原生物产生抗药性；因此，不能有病就用抗生素（抗菌素），应在正确诊断的基础上对症下药，并按规定的剂量和疗程，选用疗效好、毒副作用小的药物。药物与毒物没有严格的界限，只是量的差别，用药量过大，超过了安全浓度就有可能导致蛙鳖中毒，甚至死亡。

十、适时、适量使用环境保护剂

水环境保护剂能够改善和优化养殖水环境，并促进蛙鳖正常生长、发育和维护它们的健康，在稻田养殖中更要注意及时添加，通常每月使用 1~2 次。根据科研人员的研究发现，它的作用主要是：净化水质，防止底质酸化和水体富营养化；补充氧气，增强蛙鳖的摄食能力；抑制有害物质的增加和有害细菌的繁殖；促使有益藻类稳定生长，抑制有害藻类繁殖等。

十一、培育和放养健壮苗种

放养健壮和不带病原体的苗种是养殖生产成功的基础，培育的技巧包括：一是亲本无毒；二是亲本在进入专门的产卵池前进行严格的消毒，以杀灭可能携带的病原体；三是孵化工具要消毒；四是待孵化的卵要消毒；五是育苗用水要洁净；六是尽可能不用或少用抗生素；七是培育期间饵料要好，不能投喂变质腐败的饵料。

十二、科学投喂优质饵料

饵料的质量和投饵方法，不仅是保证养殖产量的重要措施，同时也是增强蛙鳖疾病抵抗力的重要措施。养殖水体由于放养密度大，必须投喂人工饵料才能保证养殖群体有丰富和全面的营养物质转化成能量和机体内的有机分子。因此，科学地根据蛙鳖的发育阶段，选用多种饵料原料，合理调配、精细加工，保证各阶段的蛙鳖都能吃到适口和营养全面的饵料。不仅是维护其生长、生活的能量源泉，同时也是提高蛙鳖体质和抵抗疾病能力的需要。生产实践和科学试验证明，不良的饵料不仅无法提供蛙鳖成长和维持健康所必需的营养成分，而且还会导致蛙鳖免疫力和抗病力下降，直接或间接地使蛙鳖易于感染疾病，甚至死亡。

第四节　蛙鳖药物的选用

一、蛙鳖药物选用的原则

药物选择正确与否直接关系到对蛙鳖疾病的防治效果和养殖效益，所以在选用蛙鳖药物时，要注意以下几条基本原则。

1. 有效性

为使患病蛙鳖尽快好转和恢复健康，减少生产和经济上的损失，在用药时应尽量选择高效、速效和长效的药物，用药后的有效率应达到 70% 以上。例如，对蛙鳖的细菌性皮肤病，用抗生素（抗菌素）、磺胺类药、含氯消毒剂等都有疗效，但应首选含氯消毒剂，其可同时杀灭蛙鳖体表和养殖水体中的细菌，杀菌快、效果好。如果是细菌性肠炎，则应选择喹诺酮类药，如诺氟沙星（氟哌酸），制成药物饵料进行投喂。

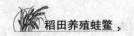

但是有些疾病可少用药或不用药，如蛙鳖营养缺乏症和一些环境应激病等，否则会导致蛙鳖死得更多、更快。营养缺乏症可在平时投喂时，注意饲料的营养配比及投喂方式；环境应激病在平时就要加强观察，注意日常防护，尽可能减少应激性刺激。

2. 安全性

蛙鳖属于水生动物，用药为水生动物常用的鱼药。鱼药的安全性主要表现在以下 3 个方面。

①渔用药物在杀灭或抑制病原体的有效浓度范围内对水产动物本身的毒性损害程度要小，因此有的药物疗效虽然很好，只因毒性太大在选药时不得不放弃，而改用疗效居次、毒性作用较小的药物。例如，杀灭鱼体上的锚头蚤不首选敌敌畏，而选用敌百虫或乙酰甲胺磷；治疗草鱼细菌性肠炎病，选用抗菌内服药，而不选用消毒内服药。

②对水环境的污染及其对水体微生态结构的破坏程度要小，甚至对水域环境不能有污染。尤其是那些能在水生动物体内引起"富集作用"的药物，如含汞的消毒剂和杀虫剂，林丹（R-六六六）坚决不用。这些药物的富集作用，直接影响到人们的食欲，对人体也会有某种程度的危害，所以这些富集作用很强的药物，一般只用在鱼种饲养阶段，或观赏鱼饲养上。

③对人体健康的影响程度也要小，在蛙鳖走向市场销售或被食用前应有一个停药期，要尽量控制使用药物，特别是对确认有致癌作用的药物，如孔雀石绿、呋喃丹、敌敌畏、六六六等，应坚决禁止使用。

3. 廉价性

选用鱼药时，应多做比较，尽量选用成本低的鱼药。许多鱼药，其有效成分大同小异，或者药效相当，但价格相差很大，对此，选用药物时要注意考虑价格。

4. 方便性

由于给鱼用药极不方便，可根据养殖品种及水域情况，确定到底是使用泼洒法、涂抹法、口服法、注射法，还是浸泡法给药。

二、辨别鱼药的真假

辨别鱼药的真假可从下面 3 个方面判断。

1. "五无"型的鱼药

即无商标标识、无产地（无厂名厂址）、无生产日期、无保存日期、无合格许可证的鱼药。连基本的外包装都不合格，请想想看，这样的鱼药会合格吗？会有效吗？这就是最典型的假鱼药。

2. 冒充型鱼药

这种冒充表现在两个方面：一种情况是商标冒充，主要是一些见利忘义的鱼药厂家发现市场俏销或正在宣传的渔用药物时，即打出同样包装、同样品牌的产品或冠以"改良型产品"；另一种情况就是一些生产厂家利用一些药物的可溶性特点，将一些粉剂药物改装成水剂药物，然后冠以新药来投放市场。这种冒充型的假药具有一定的欺骗性，普通的养殖户一般难以识别，需要专业人员进行及时指导、帮助才行。

3. 夸效型鱼药

具体表现就是一些鱼药厂家不顾事实，肆意夸大诊疗范围和疗效，有时我们可见到部分鱼药包装袋上的广告写得天花乱坠，甚至会写包治百病，实际上疗效不明显或根本无效，见到这种能治所有鱼病的鱼药可以摒弃不用。

在长期为养殖户提供鱼病诊治服务时，我们发现养殖户常常受到这些假药的伤害。他们期待有关职能管理部门对此引起重视，采取切实可行的措施，强化鱼药市场的整顿和治理，对生产

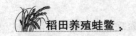

经营假药者给予严厉打击，杜绝假冒伪劣鱼药入市经营，以解除渔民的后顾之忧。

三、选购鱼药的注意事项

选购鱼药要在正规的药店购买，注意药品的有效期。特别要注意药品的规格和剂型，同一种药物往往有不同的剂型和规格，其药效成分往往也不相同。例如，2.5%粉剂敌百虫和90%晶体敌百虫是2种不同的剂型，两者的有效成分相差36倍。不同规格药物的价格也有很大差别。因此，了解同一类鱼药的不同规格和剂型，便于选购到物美价廉的药品，更便于根据药品规格和药效成分换算出正确的施药量。

四、正确计算用药量

蛙鳖疾病防治上内服药的剂量通常按蛙鳖体重计算，外用药则按水的体积计算。

1. 内服药的用药量计算

应先比较准确地推算出稻田内蛙鳖群体的总重量，然后折算出给药量的多少，再根据环境条件、蛙鳖的进食情况确定出蛙鳖的吃饵量，最后将药物混入饲料制成药饵进行投喂。

2. 外用药的用药量计算

先算出水的体积，即水体的面积乘以水深，再按施药的浓度算出药量，如施药的浓度为1毫克/升，则1立方米水体应该用药1克。

3. 实例说明

如某块养殖蛙鳖的稻田发生了病情，需用0.5毫克/升浓度的晶体敌百虫来治疗。在治疗时将稻田水位慢慢下降至田间沟处，此时计算水体面积仅测算田间沟的面积就可以了，不用再计算稻田的整体面积了，既方便又实用。如果该田间沟长100米、宽 3 米、平均水深 0.6 米，那么使用药物的量就应为：水体的体积是 100 米 × 3 米 × 0.6 米 = 180 立方米 = 180×10^3 升，按规定的浓度算出药量为 180×10^3 升 × 0.5 毫克/升 = 90 克。那么这块稻田（主要是田间沟）就需用晶体敌百虫 90 克。

第五节 蛙鳖的用药方法

蛙鳖患病后，首先，应对其病情进行正确而科学地诊断，根据病情、病因确定有效的药物；其次，选用正确的给药方法，充分发挥药物的能效，尽可能地减少副作用。不同的给药方法，决定了对蛙鳖疾病治疗的不同效果，适用的蛙鳖疾病也各不相同，在具体的疾病防治过程中要注意合理运用。

常用的蛙鳖给药方法有以下几种。

一、局部药浴法

这是针对大面积养殖蛙鳖时所用的给药方法。把药物尤其是中草药放在自制布袋、竹篓或袋泡茶纸滤袋里挂在投饵区中，形成一个药液区，当蛙鳖进入食区时，使蛙鳖得到消毒和杀灭体外病原体的机会。通常要连续挂 3 天，常用药物为漂白粉和敌百虫。此法只适用于预防及疾病的早期治疗。优点是用药量少、操作简便、没有危险及副作用小，缺点是杀灭病原体不彻底，只能杀死食场附近水体的病原体和常来吃食的蛙鳖身体表面的病原体。

二、浴洗法

这种方法就是将有病的蛙鳖集中到较小的容器中，放在按特定配制的药液中进行短时间强迫浸浴，来达到杀灭蛙鳖体表病原

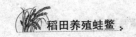
稻田养殖蛙鳖

体的目的。它适用于个别蛙鳖或小批量患病的蛙鳖使用。药浴法主要是驱除体表寄生虫及治疗细菌性的外部疾病。具体做法是：根据患病蛙鳖数量决定使用的容器大小，一般可用面盆或小缸，然后根据蛙鳖身体大小和当时的水温，按各种药品剂量和所需药物浓度配好药品溶液后，就可以把患病蛙鳖浸入药品溶液中治疗。

浴洗时间也有讲究，一般短时间药浴时使用浓度高的药，常用药有亚甲基蓝、红药水、敌百虫、高锰酸钾等；长时间药浴则用食盐水、高锰酸钾、呋喃剂、抗生素等。具体时间要按蛙鳖的生长阶段、个体大小、健康状况、水温、药液浓度而定。一般蛙鳖体大、健康状态尚可，水温、药液浓度低时，浴洗时间可长些，反之，浴洗时间应短些。

浴洗法的优点是用药量少、准确性高；缺点是不能杀灭水体中的病原体。

三、泼洒法

泼洒法就是根据蛙鳖的不同病情和田间沟中总的水量算出各种药品剂量，配制好特定浓度的药液，然后将稻田水位慢慢下降，让蛙鳖全部回到田间沟内，再把药物向沟内慢慢泼洒，使田间沟里水中的药液达到一定浓度，从而杀灭蛙鳖体表及水体中的病原体。

泼洒法的优点是杀灭病原体较彻底，预防、治疗均适宜；缺点是用药量大，易影响水体中浮游生物的生长。

四、内服法

内服法就是把治疗蛙鳖疾病的药物或疫苗掺入患病蛙鳖喜爱吃的饲料中，从而达到杀灭蛙鳖体内的病原体的一种方法。但是这种方法常用于预防或患病初期，同时，这种方法有一个前提，即在蛙鳖自身有一定食欲的情况下使用，一旦蛙鳖患病严重，已经失去了食欲，此法就不起作用了。一般用3～5千克面粉加诺氟沙星（氟哌酸）1～2克或复方新诺明2～4克加工制成饲料，可鲜用或晒干备用。喂时要视蛙鳖的大小、病情轻重、食欲情况、天气、水温灵活掌握，预防、治疗效果良好。

另外，对于少量患病蛙鳖，也可以通过人工填喂的方式将药饵送入蛙鳖的体内，而达到治疗疾病的目的。

五、注射法

对各类细菌性疾病注射水剂或乳剂抗生素的治疗方法，常采取肌内注射或腹腔注射，将药物注射到患病蛙鳖腹腔或肌肉中杀灭体内病原体。这样药液直接注入蛙鳖体内，吸收快、治疗效果也好。腹腔注射，可以补充水分及营养，如加5%的葡萄糖，可以补充能量和体液。

给患病蛙鳖注射药物时，要注意以下几点：

第一是在注射前，要对蛙鳖体表进行消毒、麻醉处理，以蛙鳖抓在手中跳动无力为宜。

第二是注射方法和剂量要合适，切忌用长针、粗针。以鳖为例，由于鳖体的外露肌肉少，如果通过肌内注射，注射部位宜选择在后肢的大腿部或前肢手臂肌肉丰满处；如果是采用腹腔注射，注射部位宜选择在鳖的甲桥处。同时要选用细一些且短一点的针头。

第三是注入角度要正确。还是以鳖为例，在抓到鳖时，它的四肢会自然地缩入壳内，进针不易，所以要先拉出鳖的四肢，让其伸直，然后顺其平行使针，与肢体成15°角进入。进针角度不可过大，否则会注入其骨骼筋膜间，造成肢残。进针深度一般是小鳖进针0.5厘米、中等鳖0.8厘米、大鳖1.2～1.8厘米为宜。

第四是严格消毒。为了取得更好、更快的疗效，给蛙鳖注射

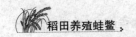

时要严格消毒。有些严重的病，如肺炎、肝炎、肠炎等，必要时可把药物注射到其腹腔中，事先要对蛙鳖用碘伏溶液或5%的聚维酮碘溶液局部消毒，更要对注射器、针头高温消毒，以免把病菌带入蛙鳖体内。拔针后要立刻用棉签压迫针孔片刻，防止出血和药水的反渗。

第五是不宜在鳖的脖颈部扎针，鳖的颈部有支撑鳖头部伸缩的作用，内部神经、血管密布，一旦扎伤易发生歪颈、缩不进去、鳖头抬不起甚至瘫痪，从而影响其摄食；有时发生肿胀的脖子还会引发窒息死亡。要使用连续注射器，刺着骨头要马上换位，体质瘦弱的鳖不要注射。另外，针头不可停留在皮下和肌肉间，否则注射结束后局部会鼓包。

第六是药液用量不宜多。由于蛙鳖的肌肉小，一个注射点内的总药剂量不宜过多，原则上不让其注入点肌肉明显隆起为度。如剂量大，可分几个注射点，以免引起局部肌肉损伤。

第七是往蛙鳖的口腔里注药要讲究技巧。有时在为蛙鳖使用内服药时，可采用向蛙鳖口中注药的方法。可把固体药用温开水溶解后，用去掉针头的注射器吸药液注入蛙鳖嘴中，动作要慢，让其顺利吞到腹内，千万不要猛力注，以防药物射入气管，引发窒息死亡。

注射法的优点是蛙鳖体内吸收药物更为有效、直接、药量准确，且吸收好、见效快、疗效好；缺点是太麻烦，也容易弄伤蛙鳖身体。

六、涂抹法

以高浓度的药剂直接涂抹在蛙鳖体表患病处，以杀灭病原体。主要治疗外伤及蛙鳖身体表面的疾病，常用药为红药水、碘酒、高锰酸钾等。涂抹前必须先将患处清理干净。优点是药量少、方便、安全、不良反应。

第六节 常见鳖病的防治

在自然界中，由于鳖的密度有限，加上这些动物自然的生存本能，它们患病的概率很少。而在人工饲养条件下，由于水温、温度、湿度、饵料、水质及管理等方面的因素，容易引起各种各样的疾病，严重者将导致鳖的死亡。因此，我们要加强对鳖疾病的治疗。

一、红脖子病

红脖子病又叫"阿多福病"或大脖子病。

【病原病因】病原体为嗜水气单胞菌。

【症状特征】鳖发病时，常浮在水面或独自爬到岸上，或钻入岸边的泥土里、草丛中，不肯下水，食欲不振，行动迟钝。背甲失去光泽呈黑色，颈部特别肿胀，发炎充血且发红，以至于不能正常缩回甲壳内。腹部发红充血或有霉烂的斑块，周边浮肿，并逐渐溃烂。有的肝脾肿大，呈点状出血，有的有坏死病灶。有的引起眼睛混浊发白而失明，舌尖、口鼻出血，大多数在上岸晒背时死亡。

【流行特点】①在鳖的生长季节都有流行，高峰期为每年的7—8月。

②流行较广，有传染性，一旦发病，就会蔓延。

【危害情况】①幼鳖、成年鳖都会感染。

②死亡率一般在20%～30%。

【预防措施】①在生产中发现，水温是导致红脖子病的重要因素。养殖中要尽力保持水温的相对恒定，若水温变化幅度大，要经常消毒池水，控制水体内病原菌的相对密度。

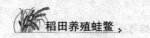

②由于鳖对嗜水气单胞菌能产生免疫力，因此可用"土法疫苗"制成饲料投喂或注射。方法是取患典型红脖子病的鳖的肝、脾、肾等脏器，经捣碎、离心、防腐、灭活等处理后制成土法疫苗。然后在发病之前注射到鳖后肢肌肉处，每只注入疫苗0.5毫克，可使鳖产生免疫力。

【治疗方法】①在发病季节注意改善水质，加强饲养管理，能减少此病的暴发流行。具体做法：一是用生石灰清理田间沟，换新水；二是及时将病鳖隔离；三是发现此病后，不要将氨水混进稻田，否则病情更加严重。

②饲料中添加抗生素（抗菌素）（每千克鳖添加约10万单位）或抑菌药（每千克鳖约10毫克），制成药饵喂鳖防治。

③据报道，引起红脖子病的嗜水气单胞菌对杆菌肽、卡那霉素、庆大霉素敏感，而对磺胺类药物、链霉素、青霉素等抗生素耐药，用药时要注意这一点。宜选用药敏试验的高敏药物，常注射庆大霉素治疗，每千克鳖用15单位，从鳖的后肢基部与底板之间注入。

二、白斑病

【病原病因】①通常水质偏酸、溶解氧偏低、放养密度每平方米大于50只较易患该病。

②捕捉、搬运过后的鳖最易发病。

【症状特征】先是在鳖的四肢、裙边等处出现白点，随病情恶化而逐渐扩展成一块块的白斑，表皮坏死，部分崩解。

【流行特点】常年均可流行，尤其是8—10月，病程为5~15天。

【危害情况】病鳖食欲减退，影响生长，在越冬期间能使稚鳖死亡。

【预防措施】①适宜的放养密度，前期稚鳖每平方米不应超过 50 只，饲养时间不应超过 30 天。

②改良水质，pH 保持在 7.2 以上，养鳖稻田中水中的溶解氧保持在 3～4 毫克/升。

③用生石灰彻底清理田间沟，保持水体清洁、呈浅绿色。

④在捕捉、运输、放养过程中，要细心操作，防止损伤鳖体表。

⑤这种霉菌在流水池的清新水中有迅速繁殖的倾向，而放入肥水中的鳖则很少发生此病，因此保持肥爽的水质，可以减少此病发生的概率。

【治疗方法】①用 0.04% 的食盐水加 0.04% 的小苏打合剂全池泼洒防治。

②发现受伤的鳖或病鳖，立即隔离，并用 1% 的金霉素软膏或磺胺软膏涂抹患处。

③用 15 毫克/升的二氧化氯溶液浴洗病鳖 10～20 分钟。

④用 1.5～2.5 毫克/升的三氯异氰脲酸全池遍洒。

⑤用 2～4 毫克/升的白斑灵全池遍洒，连续用药 3 天，再用此药投喂，每 50 千克稚鳖每天用药 1～2 克，连续用药 5～7 天，治愈率可达 95%。

三、腹甲红肿病

腹甲红肿病又叫红底板病。

【病原病因】病原是点状产气单胞菌点状亚种。病因一是多由运输过程中挤压、抓咬所致；二是红脖子病或其他内脏炎症的反应。

【症状特征】腹甲发炎红肿并伴有脖颈肿大和红肿病症，整个腹部充血发红，并伴有糜烂、胃和肠道整段充血发炎等症状。

【流行特点】每年的 3 月下旬—6 月为发病季节，日本及我国很多地区均有红底板病的流行。

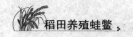

【危害情况】①晚上爬到田埂上、反应迟钝的病鳖大多仅能活 1～2 天，白天不下水的病鳖，多数几个钟头就死了。

②经治疗，治愈率达 70% 以上。

【预防措施】①在捕捉、运输过程中应注意保护，避免相互残伤。

②发现病鳖应及时隔离，用生石灰清整消毒。

③在越冬前，每千克鳖每天用抗生素（抗菌素）10 毫克，连喂 6 天，增强越冬期的抗病力。

【治疗方法】①外伤性的腹甲红肿病可用 20 毫克/升的二氧化氯溶液浸洗 10 分钟。

②注射抗生素，每千克鳖 10 万～15 万单位。

③注射硫酸链霉素，每千克鳖 2 万单位。3 天可恢复摄食，5 天后红斑开始消退，7 天痊愈。

④在饵料中加入磺胺药可治疗早期红底板病。

四、肠炎

【病原病因】鳖的肠炎是由多种情况造成的，其中，最主要的也是最常见的有 2 种，即细菌性肠炎和食物性肠炎。不同类型的肠炎有它们自己特定的病原病因。细菌性肠炎的病原是感染气单胞菌，由于养殖水质恶化，水体中有害菌大量繁殖，使用没经过消毒的冰鲜饵料或所使用的饲料发霉变质而引起。食物性肠炎是由于投喂的饲料细度太低，饲料中有不利于消化的原料，饲料加工后的颗粒太硬或鱼油、菜油添加量过大等，造成鳖肠道的负担加重，从而引起肠炎。

【症状特征】病鳖精神不好、反应迟钝，减食或停食，腹部和肠内发炎充血，粪便不成形、黏稠带血红色。细菌性肠炎的典型症状是鳖的肛门会出现红肿，大便浮起。食物性肠炎的症状是在鳖的粪便中可以发现未完全消化的食物。

【流行特点】鳖吃料高峰期是主要的流行期，几乎所有的鳖都能感染。

【危害情况】肠炎是鳖养殖过程中常见的病害之一，稚鳖、幼鳖及商品鳖均有可能得此病。

【预防措施】①经常更换稻田里的水，使水质清洁。

②不投喂腐烂变质的食物，饵料要新鲜。

【治疗方法】①对于细菌性肠炎，如果鳖还能吃料可给鳖饲喂抗菌类药物并外泼三黄粉或菌毒散；如果鳖已不吃料，则改为外泼抗菌类药物、三黄粉或菌毒散。用药后，给鳖饲喂一些电解多维和产酶益生素，以帮助鳖恢复肠道功能。

②食物性肠炎建议给鳖饲喂电解多维、低聚糖、产酶益生素、盐酸小檗碱和大蒜素。

③在饵料内拌入磺胺脒或磺胺噻唑，7 天为 1 个疗程。

④在每年的 5—9 月，每 20 天喂 1 次地锦草药液，每 50 千克鳖每次用地锦草干草 150 克或鲜草 700 克，煎汁去渣待凉后拌入饲料中喂服。

⑤中草药黄连 5 克、黄精 5 克、车前草 5 克、马齿苋 6 克、蒲公英 3 克，放砂锅内加水适量文火煎煮 2 小时，取液去渣用。

五、白眼病

【病原病因】由于放养过密、饲养管理不善、水质恶化、尘埃等杂物入眼等诱因引起。

【症状特征】病鳖眼部发炎充血、眼睛肿大，眼角膜和鼻黏膜因炎症而糜烂，眼球外表被白色分泌物盖住。

【流行特点】发病季节是春季、秋季和冬季，而以越冬后出温室的一段时间为流行盛期。

【危害情况】轻则影响鳖的摄食，严重时病鳖眼睛失明，最后瘦弱而死。

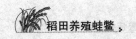

【预防措施】①加强饲养管理。越冬前后投喂动物肝脏，加强营养，增强抗病力。

②加强田间沟消毒，每5～7天用5毫克/升的漂白粉遍洒1次。

【治疗方法】①使用二氧化氯或三氯异氰脲酸浸洗，稚鳖20毫克/升，幼鳖30毫克/升，连续浸洗3～5天。

②注射链霉素，每千克鳖注射20万单位。

六、出血性败血症

【病原病因】病原为嗜水气单胞菌。

【症状特征】腹甲部有明显的充血现象，充血的色泽呈鲜红、大红、暗红或黑红色，同时，颈基部、四肢基部、趾（指）端有鲜红色的血泡。

【流行特点】流行季节为每年的6—9月，流行面很广，适宜流行温度为25～32 ℃。

【危害情况】主要危害稚鳖、幼鳖，该病传染性强、流行迅速、发病快、死亡也快。

【预防措施】用5毫克/升的漂白粉遍洒，每天1次，连用3天，可防止该病的发生和流行。

【治疗方法】①5毫克/升的漂白粉连续3天遍洒后，每千克饲料中加入2克败血宁投喂，治疗效果明显。

②使用8毫克/升的鱼康消毒，0.001%的漂白粉＋0.004%的生石灰消毒。每千克饲料中加入2克败血宁投喂，连喂6天。

③每100千克鳖用30克"治鳖灵1号"（疾病严重时用药量加倍）。均匀拌在饲料中分2次投喂，连喂5天。在投喂药期间，全池遍洒1～2次消毒药。

④每千克鳖肌内注射硫酸链霉素20万单位，一般注射1次即可痊愈。如尚未痊愈，5天后再注射1次。

七、爱德华氏败血病

【病原病因】病原体为爱德华氏菌。

【症状特征】病鳖精神不振、活动力差，多悬浮于水面，停食，在晒台上呆滞不动，捕捉时活动缓慢无力，腹面中部可见暗红色淤血，不久即死亡。

【流行特点】高密度加温养殖，在冬季加温期间最易发病。

【危害情况】死亡率达80%左右。

【预防措施】①入温棚前要清池消毒，养殖过程中要特别注意水质管理，及时搞好池内卫生，定期施用生石灰。

②在饲料中可适量添加多种维生素，以增强鳖抵抗疾病的能力。

【治疗方法】对病鳖要隔离治疗，通过药敏试验表明幼鳖爱德华氏败血病对庆大霉素、卡那霉素、金霉素、新霉素敏感，对复方新诺明、磺胺增效剂、四环素不敏感。因此，在治疗时先用庆大霉素、卡那霉素治疗，同时在饲料中适量添加多种维生素，效果明显。

八、水霉病

【病原病因】病原为水霉菌和绵霉菌等多种真菌。据研究，水霉菌和绵霉菌都是腐生寄生物，专门寄生在伤口和尸体上。

【症状特征】病鳖肢体上附着灰白色棉絮状水霉菌丝，食欲减退、消瘦无力，严重时病灶部位充血或溃烂。

【流行特点】在较低水温时（10～18℃）极易发生，当温度升高到26℃以上时，水霉菌会慢慢死亡，该病会好转直至痊愈。

【危害情况】①病鳖会因体质瘦弱而死亡。

②对幼鳖和稚鳖的危害最大，能引起它们大批死亡。

【预防措施】①操作要细心，避免鳖体表损伤。

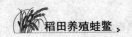

②注意水质污染。一旦水质受到污染，水体里的一些病菌和寄生虫就会腐蚀或吸附在鳖的皮肤上，霉菌的侵入就有机可乘了。

【治疗方法】①用4%的食盐水加4毫克/升的苏打水混合溶液对容器和病鳖消毒。

②用3%～5%的食盐水浸泡1～2小时，每日1次，病愈为止。

③用40～50毫克/升的福尔马林或0.05%的食盐苏打水混合溶液，对田间沟或鳖消毒。每亩每米水深用烟叶400克或香烟4～7盒，全池泼洒，获取汁浸泡病鳖15分钟。

④每立方米水体用硫醚沙星0.2～0.3克全池泼洒，每天1次，连用3天。

九、穿孔病

穿孔病又叫洞穴病、空穴病、烂甲病。

【病原病因】穿孔病是由多种病原菌引起的病。养殖环境恶劣、饲养不良而导致的细菌感染，是诱发该病的原因。

【症状特征】病鳖行动迟缓、食欲减退，颈部、背甲、腹甲、裙边、四肢基部和腹部初期出现点状突起，以后突起逐渐增大、向外突出、四周红肿、呈疮痂状，直径0.2～1.0厘米。周围出血溃烂后，表皮破裂，内容物呈脓汁状，并伴有腥臭气味。随着病情的发展，病灶扩大、漏出骨骼，继而烂透骨骼，出现穿孔现象，严重者洞穴内有出血现象。

【流行特点】①在常温养殖条件下，流行时间一般为每年的5—11月，发病高峰为每年的6—9月，每年的12月—次年3月病鳖带病灶冬眠。加温条件下，全年发病。

②流行温度为25～30℃，发病期很短，传染力极强，潜伏期在5天以内。

【危害情况】①对各年龄段的鳖均有危害，尤其是对温室养殖的幼鳖危害最大。

②发病率可达 50% 左右，死亡率达 30% 以上。

【预防措施】①病鳖要隔离治疗，病鳖和健康的鳖严禁混养。死鳖要妥善处理。

②原饲养池要彻底消毒，底质 100 ~ 200 毫克/升的生石灰消毒，养殖用水用 2 ~ 4 毫克/升的灭菌净水液消毒。

③操作尽量小心细致，小心鳖体表受伤。幼鳖入池前用 1 毫克/升的灭菌净水液药浴 15 ~ 30 分钟。

④另外要防止水质恶化和水温剧变，防止滥用药物，防止外伤。

【治疗方法】①内服和外消相结合。内服药可选择高敏和中敏药物，如诺氟沙星（氟哌酸）、呋喃妥因、阿米卡星（丁胺卡那霉素）、氨曲南、头孢类药物、庆大霉素、消红宝等，药饲 7 天。外消药物可采用先漂白粉后生石灰的消毒方式。也可用 0.3 毫克/升的强氯精消毒。

②每 100 千克饲料中拌鱼病康套餐 1 个 + 三黄粉 25 克 + 芳草多维 100 克或芳草 V_c 100 克内服。

③病鳖用头孢拉定（菌必清）浸浴 10 ~ 15 分钟。

十、脖颈溃疡病

【病原病因】由病毒及水霉菌感染引起的疾病。

【症状特征】鳖的脖颈水肿溃烂，生有水霉菌。病鳖食欲减少，稚鳖患病后更是不吃不喝，脖子不能伸缩，行动困难，如不及时治疗，几天就会死亡。

【流行特点】一年四季均可发生。

【危害情况】稚鳖特别易受感染。

【预防措施】①注意环境清洁，不能有水霉菌感染。

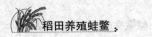

②一旦发现病鳖，立即隔离。

【治疗方法】①用5%的食盐水浸洗1小时，再用紫药水涂于患处，连续治疗3~4天，效果较好。

②用0.05%的亚甲基蓝溶液浸洗10分钟左右。

③用土霉素、金霉素等抗生素药膏涂于患处。

④用5%的食盐水溶液浸洗病鳖1小时，可防治颈溃疡病。

十一、腐皮病

腐皮病又叫溃烂病、溃疡病、皮肤溃烂病、烂爪病。

【病原病因】由嗜水气单胞菌感染引起，大多是由于鳖相互撕咬与地面摩擦受伤后细菌感染所致。

【症状特征】四肢、颈部、背壳、裙片、尾部及甲壳边缘部的皮肤发生糜烂是该病的主要特征，皮肤组织变白或变黄，患部不久坏死，产生溃疡，进一步发展时，颈部的肌肉及骨骼露出，背甲粗糙或呈斑块状溃烂，皮层大片脱落，病情严重者，反应迟钝、活动微弱、不摄食，短期内死亡。

【流行特点】①各种规格的鳖都会出现此症，500克左右的鳖更易患腐皮病。

②流行季节是每年的5—9月，每年的7—8月是发病高峰期。

【危害情况】发病率高、持续期长、危害严重，死亡率可达20%~30%。

【预防措施】①放养鳖时，要挑选平板肉肥、体健灵活、无病无伤、规格大小均匀的鳖，且雌雄搭配要合理。

②进入稻田前用1毫克/升的戊二醛或头孢拉定（菌必清）药浴10~15分钟。

③在整个养殖期间，如果条件许可，最好能分级饲养，避免大小不均匀，相互撕咬。

④注意水质清洁，坚持每周用 2～3 毫克/升的漂白粉全池泼洒。

⑤放养前用 0.003% 的诺氟沙星（氟哌酸）对鳖进行浸洗，水温为 20 ℃以下时，浸洗 40～50 分钟，20 ℃以上时，浸洗 30～40 分钟，既可预防，又可进行早期治疗。

⑥每 1～2 周按每 200 千克饲料中加入鱼肝宝套餐或鱼病康套餐 1 个＋三黄粉 25 克＋芳草多维 50 克或芳草 V_c 50 克，连用 3 天左右。

【治疗方法】①发现病鳖应及时隔离治疗，密度小于 1 只/平方米。用 0.001% 的碘胺类药或链霉素浸洗病鳖 48 小时，反复多次可痊愈，治愈率可达 95%。

②用土霉素和四环素，每千克体重使用 0.05 毫克，药饵治疗，或用 0.004% 的溶液药浴 48～72 小时均有效。

③按每 100 千克饲料中加入鳖虾平 500 克＋三黄粉 25 克＋芳草多维 50 克或芳草 V_c 50 克内服。

十二、疖疮病

疖疮病又叫打印病。

【病原病因】病原是点状气单胞菌。当养殖条件恶化、饲料腐败或营养不全面、鳖相互噬咬受伤时，该病原菌极易感染，使鳖生病。

【症状特征】病鳖食欲减退或不摄食、体质消瘦。发病初期，病鳖的颈部、背腹甲、裙边、四肢基部、腹板上长有 1 个至数个芝麻至黄豆大小的白色疖疮。其后疖疮逐渐增大、向外突出。用手挤压，可挤出像粉刺样易压碎并伴有腥臭气味的浅黄色颗粒或脓汁状的内容物。随着病情的发展，疖疮溃烂，炎症向四周扩散，背甲部柔软的革质皮肤、四肢、颈部、尾部肿状溃烂呈腐皮状。

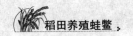

【流行特点】①流行广泛，流行季节是每年的5—9月，发病高峰是每年的5—7月。

②流行温度是20~30 ℃。

【危害情况】该病从稚鳖、幼鳖到成年鳖都会被感染，尤其对幼鳖、稚鳖的危害更大，体重为20克以下的稚鳖发病率为10%~50%，潜伏期仅有3~5天时间，传染极快。

【预防措施】①养殖密度控制在每平方米30只左右，每天换水排污，每7天用5毫克/升的漂白粉液消毒1次，可预防本病。

②饲料缺乏某种维生素，或放置过期，或腐败变质的饲料喂稚鳖易患此病。因此要保证营养平衡。

③鳖体表用1毫克/升的戊二醛或头孢拉定（菌必清）药浴10~15分钟。

④用3%~4%的食盐水溶液浸洗病鳖5分钟。

【治疗方法】①每千克鳖投喂盐酸美他环素（甲烯土霉素）胶囊10万单位，0.004%的土霉素药浴2~3天，70%的病鳖可治愈。

②将病鳖隔离，挤出病灶的内容物后，放在0.1%~0.2%的依沙吖啶（利凡诺）溶液中浸洗15分钟，绝大部分可治好。

③注射庆大霉素或金霉素，每日每次外涂金霉素软膏，有80%的治愈率。

④每100千克饲料中加入鱼肝宝套餐或鱼病康套餐1个+三黄粉50克+芳草多维100克或芳草V_C 100克内服。

十三、冬眠死亡症

又叫越冬期死亡症。

【病原病因】①营养不良。后期出壳（8月下旬或更晚）的稚鳖，经过短暂的摄食阶段，体内尚未积累充分的营养，就要进入漫长的越冬期，其体质、抗病和抗寒能力均十分弱，仓促越冬极有可能造成大量死亡。

②雌鳖产后虚弱。体内营养未能得到充分的补充，雌鳖在每年的8—9月产下最后一批卵后，体质已极度疲劳和虚弱，接踵而来的气温下降，使雌鳖的摄食能力逐渐下降，如果再加上饲料营养不全面，雌鳖体质尚未得到完全的恢复就进入冬眠，容易得病死亡。

③越冬前或冬眠期鳖体表受伤或受冻。这类鳖大多在冬眠期内就会死亡，开春后尸体漂浮在水面或者腐烂于沟底，污染水质。即使有幸不死者，也会在冬眠苏醒后短期内死亡。

④水质败坏。在鳖越冬期间换水次数和换水量都大大减少，沟中有害物质（硫化氢、氨氮、甲烷等）积累过多，远远超过了鳖体表的承受能力，从而发生中毒反应，导致死亡。

⑤冬季长期偏冷，加上鳖的体质较弱，导致鳖在越冬期间或越冬后死亡。

【症状特征】越冬死亡症像饲料性疾病一样，是个很复杂的疾病。诱因不同，所表现的症状也不相同。有死亡后上浮、沉底的，有爬上岸死的。但是主要的症状比较相似，就是病鳖瘦弱、四肢疲弱无力、肌肉干瘪，用手拿鳖，感觉鳖轻飘飘的，没有与它规格相对应的体重。

【流行特点】几乎所有越冬的鳖都有可能感染，特别是鳖亲本，其冬眠死亡症表现更为突出。

【危害情况】一般死亡率在10%左右，高者达30%。鳖亲本冬眠死亡症多为雌性个体。

【预防措施】①越冬前的秋季适温期进行强化培育。尽量多投喂动物性饵料，尤其要加喂动物肝脏、营养物质和抗生素类药物，如多种维生素粉、土霉素粉等，补充营养。使用人工配合饲料，添加鳖多维以增强鳖的体质。越冬前水温30℃左右时进行强化投饲。因为这段时间饲料利用率仍比较高，每天投喂2次，

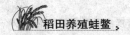

上下午各 1 次。

②越冬期绝对禁止骚扰、捕捉、运输等操作。在低温的情况下，以上操作不仅会造成擦伤、冻伤。更重要的是由于温度过低，经过处理的鳖无法再次潜入泥中，进而造成严重的伤亡。

③水温持续高于 12 ℃时，应提早结束越冬，尽早进食。

【治疗方法】①目前没有很好的治疗方法，主要是提前预防。

②对于冬天上浮的鳖亲本每千克注射25%的葡萄糖 5 毫升和维生素 C 3 毫升，每天 1 次，可救治部分鳖亲本。

十四、脂肪代谢不良症

脂肪代谢不良症又叫脂肪代谢障碍、脂肪肝。

【病原病因】脂肪在空气中容易氧化酸败，产生毒性，如果长期过量投喂腐烂变质的饵料，如干蚕蛹、鱼贝虾肉等，使鳖偏食，导致这类饵料中含有的变性脂肪酸在体内积累，造成代谢机能失调，肝肾机能障碍，逐渐诱发病变。此外，饲料中如长期缺乏某些维生素也是该病发生的原因之一。

【症状特征】病鳖背甲失去光泽，四肢基部柔软无弹性，外观变形。病情严重的鳖体表浮肿或极度消瘦，浮肿的鳖身体隆起较高，腹甲呈暗褐色，有明显的绿色斑纹，四肢、颈部肿烂，表皮下出现水肿。消瘦的鳖甲壳表面和裙边形成皱纹。病鳖体质不易恢复，逐渐转变为慢性病，最后停食而死亡。

【流行特点】在鳖生长高峰期最易发生。

【危害情况】轻则引起鳖的生长速度减慢，重则引起鳖的死亡。

【预防措施】①动物性及植物性饲料要搭配投喂，保持供给新鲜饵料。不要投喂高脂肪、腐烂变质、储存过久的饲料。

②按每 100 千克饲料加入鱼肝宝 100 克 + 三黄粉 25 克 + 芳

草多维50克或芳草 V_C 50克内服，每日2次，连投3天。

③饲料中适量添加维生素B、维生素C、维生素E，可预防此病。

【治疗方法】按每100千克饲料加入鱼病康400克+三黄粉50克+芳草多维100克或芳草 V_C 100克内服，每日2次，连投5～7天。

第七节 蛙类及蝌蚪的敌害与防治

蛙类及蝌蚪的敌害还是比较多的，尤其是蝌蚪，更容易遭受各种天敌的侵袭，一些藻类、水生昆虫、原生动物、野杂鱼、哺乳动物、鸟类、龟鳖，甚至一些野生蛙类也都是它们的天敌，有的时候危害还非常严重，一定要小心对待。

一、藻类

1. 水网藻

水网藻的藻体是由很多圆筒形的细胞相互连接构成的一种网状的群体。在水中散布开来，好像对一些水生生物形成天罗地网一样，故名水网藻。

（1）危害

水网藻是常生长于有机物丰富的肥水中的一种绿藻，在春、夏两季大量繁殖时，既消耗池中大量的养分，又常缠住蝌蚪，导致蝌蚪被缠死，危害极大。

（2）防治方法

①在放养蝌蚪前，用生石灰清理田间沟，用量为每亩水面使用40～80千克，加水溶解后全池泼洒。

②大量繁殖时，全池泼洒0.7～1毫克/升的硫酸铜溶液，用

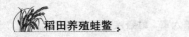

80 毫克/升的生石膏粉分 3 次全池泼洒，每次间隔 3~4 天，在下午喂蛙后进行，放药后注水 10~20 厘米效果更好。

③投放蝌蚪和幼蛙前，每亩水面用 50 千克草木灰撒在水网藻上，使其不能进行光合作用而大量死亡。

2. 青泥苔

青泥苔是稻田中最常见的丝状绿藻的总称。它包括水绵、双星藻、转板藻等。通常先发生在稻田的浅水区，像披散开来的头发一样紧紧地贴在池底，颜色是深绿色，后来渐渐地转变为黄绿色，丝状体也渐渐地断离池底，形成棉絮状，像一团团的乱丝，漂浮在水面。

（1）危害

青泥苔消耗池中大量的养分使水质变瘦，影响浮游生物的正常繁殖，从而影响蝌蚪的生长发育。而当青泥苔大量繁殖时，严重影响幼蛙及蝌蚪的活动，特别是小蝌蚪的挣扎能力很差，一旦被青泥苔缠绕，就会被缠绕致死。

（2）防治方法

①在放养蝌蚪前，用生石灰清理田间沟，用量为每亩水面 40~80 千克，化水后全池泼洒。

②全池泼洒 0.7~1 毫克/升的硫酸铜溶液。

③投放蝌蚪和幼蛙前每亩水面用 50 千克草木灰撒在青泥苔上，使其不能进行光合作用而大量死亡。

④按每立方米水体用生石膏粉 80 克分 3 次均匀全池泼洒，每次间隔时间 3~4 天，若青泥苔严重时用量可增加 20 克，在下午喂蛙后进行，放药后注水 10~20 厘米效果更好。此法不会使池水变瘦，也不会造成缺氧，半月内可全部杀灭青泥苔。

3. 小三毛金藻、蓝藻

这些藻类大量繁殖时会产生毒素，出现水色和透明度异常，使蝌蚪出现类似缺氧而浮头的现象，常在 12 小时内造成蝌蚪大量死亡。

预防与治疗：

①在放养蝌蚪前，用生石灰清理田间沟，用量为每亩水面40～80千克，化水后全池泼洒。

②适当施肥，避免使用未经处理的各种粪肥；泼洒生石灰，培养益生藻类与有益菌类以抑制毒藻的繁殖；有条件的可用人工培育的有益藻类干预养殖水体的藻相。

③提高水位，并通过施用优质肥料、投喂优质饵料等措施促进有益浮游植物的大量生长繁殖，以降低田间沟里水体的透明度，使底栖蓝藻得不到足够的光照，促进有益浮游植物的大量生长繁殖，毒藻自然就可消失。

④适当提高稻田的水位，同时施加氨基酸肥水精华素、肥水专家或造水精灵等肥料，用量为每立方米水体用2.2克，全池泼洒，使用1次。（珠江水产研究所水产药物实验厂）

⑤适当换水或使用杀藻剂，如铜铁合剂（硫酸铜和硫酸亚铁合剂，比例为5∶2）0.4～0.7毫克/升，以控制藻类密度。

⑥水质嘉或双效底净，一次用量为每立方米水体用药0.5克或1.5克，第二天，用肥水宝2号和益生活水素，一次用量为每立方米水体用药1克和0.5克，治疗小三毛金藻。（北京伟嘉集团）

⑦清凉解毒净，一次用量为每立方米水体用药1.5克，第二天，用水立肥和盛邦活水素，一次用量为每立方米水体用药1克和0.5克，治疗小三毛金藻。（北京联合盛邦生物技术有限公司）

二、水生昆虫

1. 甲虫

甲虫种类较多，其中，较大型的体长达40毫米，常在水边泥土内筑巢栖息，白天隐居于巢内，夜晚或黄昏活动觅食，常捕食大量的小蝌蚪。

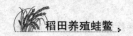

防治方法：

①在放养蝌蚪前，用生石灰清理田间沟，以水深1米计，每亩水面施生石灰75~100千克，溶水全池泼洒。

②用0.5毫克/升的90%晶体敌百虫，加水溶解后全池泼洒。

2. 龙虾

龙虾是一种分布很广、繁殖极快的杂食性虾类，在稻田里大量繁殖时对小蝌蚪危害特别严重，必须采取有效措施加以防治。

防治方法：

①在放养蝌蚪前，用生石灰清理田间沟，以水深1米计，每亩水面施生石灰75~100千克，溶水全池泼洒。

②发生危害时，用速灭杀丁杀灭，以水深1米计，每亩水面用20%速灭杀丁2支，溶水稀释，再加少量洗衣粉于溶液中充分搅匀，全池泼洒效果很好。

3. 水斧

水斧扁平细长，体长35~45毫米，全身黄褐色。它能以口吻刺入蝌蚪肌肤吸食血液，致蝌蚪死亡。

防治方法：

①在放养蝌蚪前，用生石灰清理田间沟，用量为每亩水面40~80千克，化水后全池泼洒。

②用西维因粉剂溶水全池均匀泼洒。

③用0.5毫克/升的90%晶体敌百虫加水溶解后全池泼洒，效果很好。

4. 龙虱及水蜈蚣

龙虱是鞘翅目的昆虫，身体呈椭圆形，水蜈蚣又叫马夹子，是龙虱的幼虫。每年的5—6月蝌蚪生长旺季，也正是龙虱及水蜈蚣大量繁殖的时候，所以对蝌蚪危害很大。

防治方法：

①在放养蝌蚪前，用生石灰清理田间沟，以水深1米计，每

亩水面施生石灰 75 ~ 100 千克，溶水全池泼洒。

②用 0.5 毫克/升的 90% 的晶体敌百虫加水溶解后全池泼洒，效果很好。

③灯光诱杀：用竹木搭成方形或三角形框架，框内放置少量煤油，天黑时点燃油灯或电灯，水蜈蚣则趋光而至，接触煤油后会窒息而亡。

④在稻田进水的时候，要做好防范工作，进水口一定要用密网过滤，防止龙虱和水蜈蚣随水流进入田间沟中。

5. 剑水蚤

这是蝌蚪生长期的主要敌害之一，当水温在 18 ℃以上时，水质较肥的稻田里剑水蚤较易繁殖，既会咬死蝌蚪，又会消耗池中溶氧，影响蝌蚪生长。

防治方法：每亩稻田的田间沟，每 1 米水深用 90% 的晶体敌百虫 0.3 ~ 0.4 千克，兑水溶解后全田泼洒。

6. 红娘华

又叫水蝎，虫体长 35 毫米，呈黄褐色，在我国分布非常广泛，主要伤害蝌蚪。

防治方法：

①在放养蝌蚪前，用生石灰清理田间沟，用量为每亩水面 40 ~ 80 千克，化水后全田泼洒。

②用 0.5 毫克/升的 90% 的晶体敌百虫用水溶解后全田泼洒。

7. 水鳖虫

虫体扁平而大，呈黄褐色，前肢极发达强健，常用有力的脚爪夹持蝌蚪而吸其血，致蝌蚪死亡。

防治方法：

①在放养蝌蚪前，用生石灰清理田间沟，用量为每亩水面 40 ~ 80 千克，化水后全田泼洒。

②用 0.5 毫克/升的 90% 晶体敌百虫用水溶解后全田泼洒。

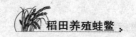

8. 松藻虫

又叫仰泳蝽或仰游虫，虫体呈船形、黄褐色，游泳时腹部朝上，常用口吻刺入蛙及蝌蚪体内致其死亡后，再吸吮它们的体液。白天它在水中摄食蝌蚪，到了晚上就飞出水面危害幼蛙。

防治方法：

①在放养蝌蚪前，用生石灰清理田间沟，用量为每亩水面40～80千克，化水后全田泼洒。

②用0.5毫克/升的90%的晶体敌百虫溶液泼洒。

三、水蛭

又叫蚂蟥，是环节动物门蛭纲的一种动物，全身软绵绵、黏糊糊的，有前后两个吸盘。当它在水中或近水边的陆地上活动时，遇到了幼蛙，就会钻入蛙类皮肤内吸血，危害非常大。

防治方法：

①取若干个丝瓜络或草把串在一起，浸泡动物血约十分钟，在阴凉的地方自然晾干后，再放入稻田多处多点进行诱捕，每隔2～3小时取出丝瓜络或草把串1次，抖出钻在里面的水蛭，反复多次，可将稻田里的水蛭基本捕尽。

②在放养蝌蚪前，用生石灰清理田间沟，以水深1米计，每亩水面施生石灰75～100千克，溶水后趁热全田泼洒。

四、鱼类

根据我们的调查及查询资料了解，认为能对养殖蝌蚪及幼蛙造成危害的凶猛鱼类品种主要有鳜鱼、泥鳅、黄鳝、鲶鱼、乌鳢等。它们的危害主要是吞食蛙卵和蝌蚪，另外对刚刚变态的幼蛙也会捕食。

防治方法：加强田间沟的清理，发现后坚决杀灭。同时在稻田进水的时候，进水口一定要用密网过滤，防止这些野杂鱼随水流进入稻田中。

五、哺乳动物

对蛙及蝌蚪造成危害的哺乳动物主要有老鼠、鼬鼠（黄鼠狼）和水獭等。

老鼠是蛙类的主要天敌之一，常会大量捕食蝌蚪和幼蛙，尤其是幼蛙在稻田边活动时，常因失去警惕而被老鼠吞食。

鼬鼠生性残忍，对成蛙和幼蛙的危害极大，主要是在夜间捕食蛙作为食物。

水獭是一种半水栖性的兽类，和蛙类似，白天喜欢栖息在稻田的洞穴中，夜间活动捕食。因此它对成蛙和幼蛙的危害很严重。

防治方法：

①对田间沟和稻田里及田埂上的消毒一定要做好，最好是带水消毒，确保所有的洞穴都能灌上药水，这样就可有效地杀死洞中的老鼠、鼬鼠和水獭。

②密封稻田，加固四周防逃设施，防止哺乳动物入内。

③主动在稻田四周装捕鼠夹、捕鼠笼、捕鼠箭、电子捕鼠器、超声波灭鼠器等，尤其是电动捕鼠器，它们具有构造简单、制作和使用方便、对人畜安全、不污染环境等特点。还可根据鼠害发生的情况，在老鼠经常出没的地方，按照一定的密度安置机械灭鼠器，进行人工捕杀。

④随时寻找洞穴进行捕杀。

⑤对数量较多的鼠类可利用化学灭鼠剂杀灭害鼠，包括胃毒剂、熏蒸剂、驱避剂和绝育剂等，其中，胃毒剂使用广泛，具有效果好、见效快、使用方便、效率高等优点。在使用时要讲究防治策略，施行科学用药，以确保人畜安全，降低环境污染。

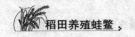

六、两栖类

主要是指一些非养殖的野生蛙类，它们会跳入稻田里，捕食养殖的经济蛙类。

防治方法：

①密封稻田，加固四周防逃设施，防止野生蛙类进入稻田。

②可采取及时捕捉的方法来防治。

七、爬行类

爬行类天敌主要有水蛇、龟和鳖。

水蛇一方面是原来稻田里存在的，另一方面是饵料的气味引来的。它和蛙一样，也能适应水陆生活，生活习性也和蛙相似，基本上都是昼伏夜出的习性。主要捕食蛙和蝌蚪，危害比较严重。

龟通常是生活在江河、湖泊和池塘中，和水蛇一样是被饵料的气味吸引过来的，它主要捕食幼蛙和蝌蚪。

鳖与龟相类，也是以捕食幼蛙和蝌蚪为主。

防治方法：

①对稻田的消毒一定要做好，最好是带水消毒，确保所有的洞穴都能灌上药水，这样就可有效地杀死洞中的水蛇。

②加固防逃网，及时修补破损的地方，稻田的进水口处要安装铁网、尼龙网，防止爬行类进入。

八、家禽及鸟类

作为蛙和蝌蚪的天敌，家禽类主要是鸭子，鸭子会大量捕食蝌蚪及幼蛙，因此对于鸭子要加强管理工作。

防治方法：

①不在稻田养殖区内饲养鸡、鸭、鹅等家禽，不能放任它们到稻田里，切断危害源头。

②做好养殖场所的围栏安全工作，尽量消除家禽进入稻田的机会。

③在养殖区发现家禽或者是在养蛙的稻田附近发现家禽，要立即驱赶。

鸟类主要吞食蛙类及蝌蚪，对蛙类有一定危害的鸟类主要有苍鹭、池鹭、翠鸟、乌鸦、鸥鸟等，它们能捕食蛙卵、蝌蚪及幼蛙，在幼蛙越冬期也会把长长的嘴伸入泥土中进行捕食。

防治方法：

①对不是保护动物的鸟类，可以捕捉或杀死，然后把死鸟挂在拦网上，借以恐吓其他鸟类。

②对于国家保护的鸟类，只能采取驱赶的方法，可用鞭炮、扎稻草人或用其他死鸟来驱赶。

③对于面积较小的稻田，可以考虑在上方罩一层防护网。

第八节　常见蛙及蝌蚪疾病与防治

一、红腿病

【病原病因】嗜水气单胞菌感染，在水质恶化、放养密度过高时更易发生。

【症状特征】病蛙行动迟缓、食欲下降，大腿内侧、腹下部皮肤呈红斑或红点状。

【流行特点】一年四季均可发生此病，主要发病时间为每年的5—10月。

【危害情况】①这是蛙类养殖发生最普遍、危害最严重的疾病。

②发病急、传染快、损失大。

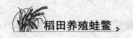

③发病率一般为 20% ~ 30%，病死率一般为 20% ~ 50%，高者可达 80% 以上。

【预防措施】①降低放养密度，及时更换田水，保持水质清新。

②适当控制放养密度。随着蛙类的生长，应根据稻田大小、水温高低和蛙的规格及时分养，调整放养密度。

③在稻田养殖过程中要慎重操作，避免蛙受伤。

④引进蛙卵、蝌蚪、幼蛙时要检疫，避免带入病原体。

⑤水体用 3 毫克/升的高锰酸钾或 4 毫克/升的蛙消安消毒，对该病有良好的预防作用。

⑥保证饵料质量，合理饲喂，增强蛙体抵抗力，同时要注意不用病鱼及病死的蛙作饵投喂。

⑦定期进行药物预防。每立方米水体用 0.3 克红霉素或 1 克漂白粉全田泼洒，用每立方米水体含量为 10 克的漂白粉溶液洗刷饵料台和饲喂用具。

【治疗方法】①将病蛙放入每 100 毫升含 40 万单位青霉素药液的生理盐水中浸泡 3 ~ 5 分钟。

②每只病蛙用每立方米含量为 8 克的硫酸铜溶液浸泡 15 ~ 30 分钟。

③用 20% 的磺胺脒溶液浸泡 24 小时。

④每立方米水体用诺氟沙星（氟哌酸）0.05 ~ 0.1 克、硫酸铜 1.5 克或五倍子 1.5 ~ 3 克，全池遍洒。

⑤用 1% ~ 1.5% 的食盐水浸洗病蛙 5 ~ 10 分钟。

⑥对病蛙用注射器从口腔注入 5% 的葡萄糖生理盐水，每 200 ~ 250 克重的病蛙注入 2 毫升。在病情严重时，可按每千克蛙用 5 万单位庆大霉素 10% 的葡萄糖液腹腔注射，每天 1 次，直至痊愈。

⑦在蛙饲料中拌入蛙病宁、SMZ 等药物投喂，对病蛙有较好

的疗效。

⑧将红霉素软膏涂抹于蛙体表病灶部位，有一定疗效。

二、胃肠炎

【病原病因】点状产气单胞菌感染。消化不良也是引起该病发生的原因之一。

【症状特征】蝌蚪多发生在前肢将长出，呼吸及消化系统转化期，主要症状为肠胃发炎、充血，肛门周围红肿。幼蛙或成蛙表现为蛙体瘫软、无力跳动。

【流行特点】多发生在春夏和夏秋之交。

【危害情况】①蝌蚪、幼蛙和成蛙均能感染。

②发病快、危害较大、死亡率较高。

【预防措施】①每日清除饵料台的残饵，并刷洗饵料台，勤换水，每周泼洒 1 次漂白粉，使池水呈 1~2 毫克/升浓度，进行消毒和治疗。

②在放入蝌蚪前田间沟要消毒，每亩用生石灰 75 千克化水泼洒；在饲养过程中，每 15~20 天用 8~10 毫克/升浓度的漂白粉或硫酸铜全池泼洒。

③饲料的原料要好，不喂发霉变质的饲料。

【治疗方法】①发病后可用 0.05%~0.1% 的食盐水浸洗发病蝌蚪。

②成蛙患病后，可用胃散片或酵母片，日喂 2 次，每次半片，连喂 3 天即可见效。

三、肝炎

【病原病因】由细菌感染所致。当田间沟长期不清整、不消毒、水质恶化时，更易引发该病。

【症状特征】病蛙体色失去光泽，呈灰黑色，食欲欠佳，伏

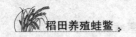

于草丛等阴湿处，四肢无力，肌体瘫软如一团稀泥，肝脏严重色变。

【流行特点】 发病时间为每年的5—9月，以春、秋两季发病较多。

【危害情况】 ①主要危害对象是150克以上的成蛙。

②蛙类从发病到死亡的时间一般为2～3天，死亡率极高。

【预防措施】 ①在放养前应对田间沟进行彻底的清整消毒。

②在养殖过程中应加强管理，定期换水，使蛙有一个良好的生活环境。

③稻田及喂蛙的饵料台应经常用药物消毒。

④杜绝投喂变质饲料，饲料应新鲜和多样化。所有因病死亡的鱼、虾、河蚌及其他动物均不能作为蛙的饲料。

⑤在选购蛙种时，应极力避免将病蛙带入自己的养殖稻田里。蛙在进入稻田前应进行体外消毒，消毒方法一般为20毫克/升的高锰酸钾溶液浸泡20分钟。

【治疗方法】 ①如出现病情，则应及时捞出病蛙和死蛙进行消毒处理，发病时稻田用蛙消安或蛙安粉做全田泼洒消毒。

②病蛙稻田用蛙肝宁拌饲投喂，结合消毒剂水体消毒，可有效控制该病。

四、烂皮病

【病原病因】 主要是外表受损后，导致细菌及真菌的继发感染。营养不平衡、体质瘦弱的幼蛙易患该病。投喂的饲料单一，饲料中缺乏微量元素，尤其缺乏维生素A和维生素D是诱发该病的重要原因。

【症状特征】 发病初期，蛙的背部（一般在两眼之间）皮肤失去光泽并出现白斑。随着病情的发展，蛙表皮脱落并开始出现点状或块状溃烂，露出背肌，烂斑四周呈灰白色。病重时，可扩展到四肢。蛙眼瞳孔病初时出现粒状突起，逐渐发白，直至形成一层白色脂膜覆盖在眼球表面。病蛙一般能正常活动并进食，重症时则伏在池边、拒食、不动，直至死亡。

【流行特点】①发病期为每年的4—9月，春、秋两季是发病的高峰时间，越冬后的幼蛙易患该病。

②单纯以蚕蛹为饲料的养蛙地区更容易出现此病。

③病期依蛙体大小而长短不一，一般7～15天，有的可达1个月以上。

【危害情况】①主要危害刚完成变态的幼小蛙。

②对150克以下的小蛙感染最重。

③发病率为20%～50%，死亡率通常为30%～70%，高时可达90%以上。

④低温时并发水霉病。

【预防措施】①在蝌蚪变态前期进行强化驯养，除投喂营养好、新鲜的配合饲料外，饲料中适当添加维生素A、维生素D、蛙多维、鱼肝油及其他微量元素，如钙、磷、碘等，提高幼蛙的抗病能力。

②定期换水，改善养殖环境，并对养殖场进行定期药物消毒。消毒用药一般为高锰酸钾、蛙消安、生石灰、二溴海因等。

③在阴雨天，田间沟中要撒适量的食盐，用优碘定期消毒。

【治疗方法】①在幼蛙饲料中添加维生素A和维生素D，并努力保持饲料的新鲜和多样化，使蛙的营养摄入保持平衡。

②用4～5毫克/升的蛙消安对田间沟泼洒消毒，用药2次，4～5天后，病情可得到控制。

③用3毫克/升的高锰酸钾与冰醋酸合剂泼洒全田。

④病蛙病情较重、进食较少的，用苯甲酸钠（或苯甲酸）与乙醇配制成溶液后泼洒水体，每2天1次，连用2～3次，配合内服诺氧沙星（氟哌酸）或氟尔康，有一定疗效。

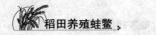

五、脑膜炎

【病原病因】受脑膜败血黄杆菌感染。

【症状特征】病蛙肤色发黑、精神不振、行动迟缓、厌食、肛门红肿、眼球外突、双目失明、脖子歪斜朝向一边、身体失去平衡，在水中游动时表现为腹部朝上并打转，腹部有明显的出血点和血斑。

【流行特点】①发病时间一般为每年的7—10月。

②发病的水温在20 ℃以上。

【危害情况】①主要危害100克以上的大蛙。

②传染性很强，死亡率在30%左右。

③从发病到死亡的时间因水温高低而有不同，一般4～7天，温度低于22 ℃时则可延长到10天以上。

【预防措施】①在放养幼蛙前应对田间沟进行彻底的清整消毒。

②在养殖过程中应加强管理，定期换水。

③杜绝从疫区引种，同时要加强对引进苗种的检疫和防范措施。

【治疗方法】①在饲料中拌入蛙病宁Ⅱ号药物。

②SMZ等药物对该病也有一定的疗效。

③发病的稻田用生石灰来消毒，每立方米水体用生石灰50～100克，化水后全田泼洒，每天1次，连续3天。

④用浓度为0.2%的氯霉素溶液浸泡病蛙，每次10～30分钟，每天2次，连续3天。同时，每千克病蛙注射氯霉素0.02克，每天2次，连续3天。

⑤用浓度为0.01%的红霉素溶液浸泡病蛙，每次10分钟，每天3次，连续3天。同时，每千克病蛙注射0.04克红霉素，每天2次，连续3天。

六、红斑病

【病原病因】由多种细菌和真菌感染所致。

【症状特征】已长后腿的蝌蚪腹部及尾部有出血斑块，蝌蚪在水中打圈一段时间后，沉入水底死亡。

【流行特点】在水温 18 ℃左右流行。

【危害情况】①主要危害蝌蚪。

②正在变态的蝌蚪一旦受到感染，更容易患病。

③死亡率可达 70%。

【预防措施】定期消毒水体，保持饲料卫生，及时清理剩饵。

【治疗方法】将蝌蚪集中于网箱内，按每万尾蝌蚪用 5 单位青霉素和 50 万单位链霉素液浸泡半小时，疗效显著。

七、腹水症

【病原病因】细菌感染所致。

【症状特征】蝌蚪和幼蛙腹部膨胀、严重腹水，活动明显减弱，食量减少。

【流行特点】该病多发于春、夏季（每年的 4—8 月），水温 20 ℃以上，有很强的传染性。

【危害情况】①主要危害对象为蝌蚪，幼蛙也受感染。

②越冬后的上年秋季蝌蚪发病率明显高于当年春季蝌蚪。

③从发病到死亡的时间通常为 3~5 天。

④发病率为 70%，死亡率一般为 30%~70%。

【预防措施】①合理控制蝌蚪和幼蛙的放养密度，及时换水，使水质保持清新。

②饲料应当浸泡后投喂，保证饲料多样、适口和新鲜，加强营养以预防发病。

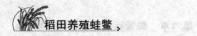

③不从发病地区引进蝌蚪，蝌蚪在放入池前用高锰酸钾消毒。

【治疗方法】发病后，对池水用1～2毫克/升的PVP－碘消毒，同时在饲料中拌入先锋霉素或PVP－碘投喂。

八、水霉病

【病原病因】主要是水霉菌和肤霉菌感染，当气温、水温下降，光照不足，稻田的水体不干净时，霉菌大量繁殖所致。

【症状特征】卵团块四周出现灰白色菌丝，严重影响蛙卵孵化与存活。蝌蚪体表受伤处可见白色棉絮状纤维。患病蝌蚪和蛙活动迟缓、摄食困难、鳃部苍白，有时呈现点状充血或出血状，严重时鳃溃烂，体弱、严重者并发其他疾病致死。

【流行特点】①发病水温主要在15℃以下。

②我国各地蛙类养殖均有此病流行。

【危害情况】①影响蛙卵的孵化与蝌蚪的成活。

②患病蝌蚪和蛙的呼吸受阻而死。

③影响蝌蚪的变态率。

【预防措施】①避免蝌蚪体表受伤。

②防止水质污染。

③保持稻田的水体清洁，防止霉菌污染，已污染的水体用生石灰和高锰酸钾消毒，能加速有机物分解，杀死鳃霉病菌。

【治疗方法】①对患病蝌蚪和蛙用0.5毫克/升的高锰酸钾溶液消毒。

②对患病蝌蚪和蛙用0.7毫克/升的硫酸铜和硫酸亚铁合剂（5:2比例配合）浸泡治疗。

③阴雨天将蛙卵放入水盆或小池，用白炽灯照射孵化。

④每亩水面用切碎的韭菜20克与黄豆混合磨浆，均匀泼洒，连续进行1～2次。

九、出血性败血症

【病原病因】受嗜水气单胞菌侵害所致，另外，水质恶化、放养密度过高是引发该病的重要原因。

【症状特征】发病蝌蚪腹部、咽部及肛门四周有明显的出血点，严重时，体表出现几乎透明的溃疡斑；眼球突出、充血，时有烂尾现象，鳃因失血而呈灰白色，腹部鼓胀，腹水严重，肝、肠明显出血；死亡前有在水面打转的现象。

病蛙的典型症状表现为肠道严重充血，腺状体有明显出血点，外表无明显病灶，表皮或有白点。蛙病后有抱堆现象，临死前跳跃激烈，多死于陆地。

【流行特点】①发病时间为每年的5月前和9月后。

②水温一般在20℃以上时容易发病。

③蛙的发病时间主要集中在春、秋两季。

④该病的发生表现为暴发性，传染性极强。

【危害情况】①以变态期内的蝌蚪发病死亡更为严重，同时也危害幼蛙和成蛙。

②该病有病期短、传染快、死亡率高的特点，蝌蚪和蛙从发病到死亡只有2~3天，严重者可在1周内使整个蛙场的蝌蚪及蛙全部死光。

③春季蝌蚪的发病率为80%，死亡率达60%~100%。

【预防措施】①在蝌蚪放养前田间沟应清池，用50~100毫克/升的生石灰或10毫克/升的高锰酸钾，浸泡4天后，放水再洗净。

②稻田的进排水应独立分开，工具在使用前后要消毒；蝌蚪在放入稻田前用20毫克/升的高锰酸钾进行消毒，杜绝外来病原的传染。

③合理的放养密度，减少发病机会。

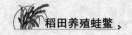

【治疗方法】①在蝌蚪饲料中定期添加一些药物，如菌毒克星，每 100 千克饲料添加 100 ~ 200 克，每半月使用 1 次。

②每立方米水体用菌毒克星 1 ~ 2 克消毒，每天 1 次，连用 2 ~ 3 天，有一定的效果，同时在饲料中添加专用药物蛙血康。

参考文献

[1] 樊纪梅，肖汉刚．美国青蛙和牛蛙养殖技术［M］．济南：山东科学技术出版社，1999.

[2] 王建国．青蛙、石蛙养殖［M］．北京：中国农业科学技术出版社，2002.

[3] 吴蓓琦．蛙类规模养殖关键技术［M］．南京：江苏科学技术出版社，2002.

[4] 吴高升，曹立栋．庭院养蛙［M］．北京：中国农业出版社，2001.

[5] 徐晋佑．泰国虎纹蛙蛙类养殖技术［M］．广州：广东科技出版社，1998.

[6] 王建国．蚯蚓、黄粉虫、蝇蛆养殖［M］．北京：中国农业科学技术出版社，2002.

[7] 周婷．龟鳖养殖与疾病防治［M］．北京：中国农业出版社，2001.

[8] 占家智，羊茜．龟鳖高效养殖技术［M］．北京：化学工业出版社，2012.

[9] 赵春光，戴海平．甲鱼高效养殖百问百答［M］．北京：中国农业出版社，2010.

[10] 占家智，羊茜．施肥养鱼技术［M］．北京：中国农业出版社，2002.

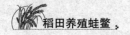

［11］占家智，羊茜．水产活饵料培育新技术［M］．北京：金盾出版社，2002.

［12］北京市农林办公室．北京地区淡水养殖实用技术［M］．北京：北京科学技术出版社，1992.

［13］凌熙和．淡水健康养殖技术手册［M］．北京：中国农业出版社，2001.

图书购买或征订方式

关注官方微信和微博可有机会获得免费赠书

 淘宝店购买方式：
直接搜索淘宝店名：**科学技术文献出版社**

 微信购买方式：
直接搜索微信公众号：**科学技术文献出版社**

 重点书书讯可关注官方微博：
微博名称：**科学技术文献出版社**

 电话邮购方式：

联系人：王　静
电话：010-58882873，13811210803
邮箱：3081881659@qq.com
QQ：3081881659

汇款方式：

户　名：科学技术文献出版社
开户行：工行公主坟支行
帐　号：0200004609014463033